你多色的冷静，
包容着挽留世间万物的缤纷由来，
清透璀璨地划走光阴，
缄默着精彩！

————清风

建筑玻璃选用手册 1.0

ARCHITECTURE GLASS SELECTION MANUAL 1.0

中国建筑西南设计研究院有限公司
前方工作室 编著

中国建筑工业出版社

前 言
FOREWORD

玻璃，一种奇幻的材料，在光的作用下可以产生无尽的变化和不可思议的场景。玻璃作为建筑最为重要的材料之一，其设计与选择直接关乎建筑的安全性、热工性能以及外观审美效果，对玻璃材料知识的了解和掌握是建筑师必备的执业技能。目前与玻璃相关的资料较多，但四处散落缺乏系统梳理，且与建筑师实际工作相关的，即如何在工程实践中选用玻璃的实用性资料较少，众多建筑师常常在实践中遇到意想不到的选用盲区。

建筑玻璃材料主要涉及安全性能、热工性能、视觉性能三方面要素。不同的使用工况、多样的玻璃种类、不同的环境条件，多样的材料组合及其复杂多变的呈现效果，都会带来选样的控制性难度。在实际工程中，玻璃与幕墙专业、绿建节能专业关系密切，因建筑师对于玻璃的工作原理、性能参数、外观效果变化以及相关规范约束往往缺乏系统性的掌握，导致在由建筑师主导的玻璃选用环节上，缺少全面性的认识和有效的方法，难以对玻璃的选择进行合法合规、科学准确的判断。

基于玻璃的种类、性能表现、视觉效果变化多样，生产厂家众多，且现场实样制作及选样周期较长的情况，本书作者团队结合实践经验和广大建筑师的需求，主要对常用建筑镀膜类玻璃的选择进行系统的梳理和研究，整理出较为清晰、直观、有效的选样方法，涵盖了从方案设计到施工现场控制等阶段的要点，以便携手册形式出版。希望能帮助广大建筑师形成玻璃方面的系统知识，提高建筑师的工作效率，提升建筑师对建成效果完成度的把控力度。

结合建筑师设计阶段小样选择（区别现场实样选择）的需求，我们设计了应对建筑材料选样各种场景的选样展架，并附上使用指南一并奉献给建筑师，希望方便建筑师的工作。

中国建筑西南设计研究院有限公司

前方工作室

2022 年 1 月 15 日

目 录
CONTENTS

参考规范及标准

REFERENCE CODES AND STANDARDS

节能绿建部分：

1.《公共建筑节能设计标准》GB 50189-2015

2.《建筑节能与可再生能源利用通用规范》GB 55015-2021

3.《民用建筑热工设计规范》GB/T 50176-2016

4.《绿色建筑评价标准》GB/T 50378-2019

注释：因规范和标准存在更新问题，本手册中引用的规范、数据在使用时应以现行的规范及标准为准。

幕墙及玻璃材料部分：

1.《玻璃幕墙光热性能》GB/T 18091-2015

2.《玻璃幕墙工程技术规范》JGJ 102-2003

3.《建筑玻璃应用技术规程》JGJ 113-2015

4.《建筑门窗幕墙用钢化玻璃》JG/T 455-2014

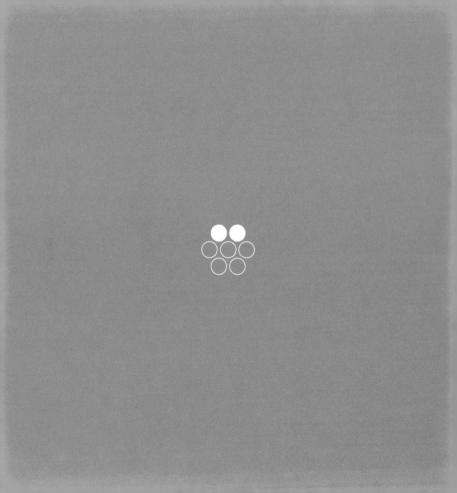

建筑玻璃选用要点
KEY POINTS OF ARCHITECTURE GLASS SELECTION

建筑玻璃选用流程

选择玻璃配置

确定玻璃性能参数

建筑玻璃选用流程

　　玻璃选用伴随设计的全过程，常规建筑外围护结构玻璃的选样流程可简要归纳为三个阶段：依据设计及相关规范确定玻璃参数、选取符合设计要求的玻璃小样、现场控制玻璃效果完成度（图 2-1）。整个选择是动态的反复比选及求证过程，其选择逻辑应首先满足玻璃的基本功能要求。

　　建筑玻璃选用流程可简要概括为"确定要求，选取样品，现场控制"。

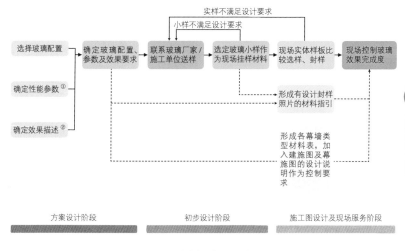

图 2-1　建筑玻璃选用流程图解

注释：
① 建筑专业主导，绿建节能专业计算复核确定
② 视觉观感＋客观参数的综合

选择玻璃配置

    选择玻璃配置是基于设计目标确定玻璃相关参数要求的过程。建筑外墙玻璃配置主要包含玻璃基片、夹胶层、中空层的种类及厚度，以及四大主要热工及视觉参数 [1]。

    玻璃配置的确定是个动态协调的过程，是建筑师在设计方案的基础上依据设计规范、安全性能、热工性能、造价成本、视觉效果等相关要求，综合平衡的结果（图 2-2）。

注释：
[1] 玻璃热工参数包含传热系数 K 及太阳得热系数 $SHGC$。视觉参数包含可见光反射比 R 及可见光透射比 τ。
传热系数 K： 墙体的传热系数 K 是表征墙体（含所有构造层次）在稳定传热条件下，当其两侧空气温差为 1K（1℃）时，单位时间内通过每平方米墙体面积传递的热量，单位为 W/（$m^2 \cdot$ K），它表征了墙体保温系统的热工性能。K 值和 U 值的概念和定义完全相同，都是衡量材料传热性能的物理量，我国 K 值的测试依据是我国 GB/T 10294 标准，欧洲 K 值的测试依据是欧洲 EN673 标准，美国 U 值的测试依据是美国 ASHRAE 标准，且美国 ASHRAE 标准将 U 值的测试条件分为冬、夏季两种。
太阳得热系数 $SHGC$： 通过透光围护结构（门窗或透光幕墙）的太阳辐射室内得热量与投射到透光围护结构（门窗或透光幕墙）外表面上的太阳辐射热量的比值。太阳辐射室内得热量包括太阳辐射通过辐射透射的得热量和太阳辐射被构件吸收再传入室内的得热量两部分。
可见光反射比（反射率）R： 在可见光谱（380 ~ 780nm）范围内，玻璃反射的光通量与入射的光通量之比。
可见光透射比（透射率）τ： 在可见光谱（380 ~ 780nm）范围内，透过玻璃或其他透光材料的光通量与入射的光通量之比。

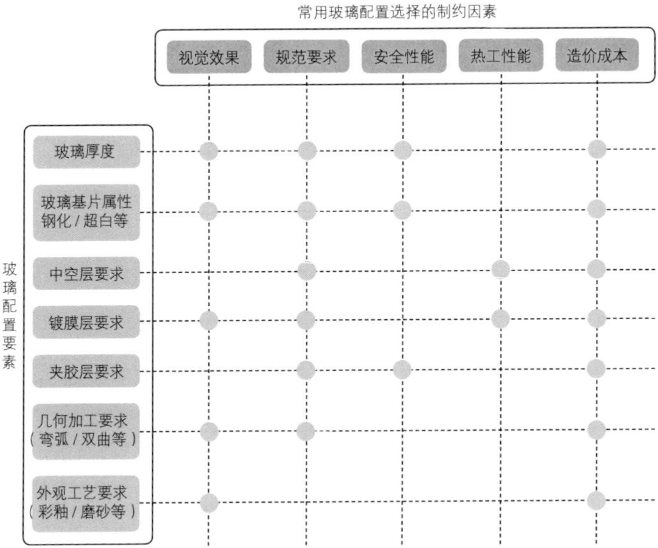

常用玻璃配置选择的制约因素

玻璃配置要素	视觉效果	规范要求	安全性能	热工性能	造价成本
玻璃厚度	●		●		●
玻璃基片属性 钢化/超白等	●		●		●
中空层要求				●	●
镀膜层要求	●			●	●
夹胶层要求			●	●	
几何加工要求 （弯弧/双曲等）	●				●
外观工艺要求 （彩釉/磨砂等）	●				●

图 2-2 玻璃配置信息选择关联图

1. 玻璃厚度：玻璃厚度与玻璃分格尺寸相关，应按规范要求选取。

根据《建筑玻璃应用技术规程》JGJ 113-2015 中对于安全玻璃最大许用面积的规定，确定玻璃规格与玻璃厚度的关系（表2-1）。全玻璃幕墙面板厚度不宜小于 10mm，夹层玻璃单片厚度不应小于 8mm。全玻璃幕墙玻璃肋截面厚度不应小于 12mm。

表 2-1 安全玻璃最大许用面积

玻璃种类	公称厚度（mm）	最大许用面积（m²）	玻璃种类	公称厚度（mm）	最大许用面积（m²）
钢化玻璃	4	2.0	夹层玻璃	6.38、6.76、7.52	3.0
	5	2.0			
	6	3.0		8.38、8.76、9.52	5.0
	8	4.0		10.38、10.76、11.52	7.0
	10	5.0			
	12	6.0		12.38、12.76、13.52	8.0

玻璃厚度与玻璃分格尺寸都影响玻璃造价。根据玻璃厂家及市场反馈，玻璃价格与玻璃规格存在梯度关系。玻璃在 2.40m（宽）×3.60m（长）幅面以内均为常规尺寸。宽度在 2.40 ~ 3.30m 之间价格增加约 20%；长度 ≤ 3.60m 为常规尺寸，长度在 3.60 ~ 4.50m 之间价格增加约 20%，长度在 4.50 ~ 6.00m 之间价格增加约 30%；宽度超过 3.30m，长度超过 9m

的玻璃价格昂贵，以单片玻璃定价。玻璃厚度越厚，平整度越高，外观视觉效果越佳。

2. 玻璃基片属性：玻璃基片分为钢化玻璃、半钢化玻璃以及非钢化玻璃。钢化玻璃属于安全玻璃。建筑用钢化玻璃应根据国家相关规定及规范要求，绝大多数情况均应使用。

玻璃基片有超白与普白之分，普白玻璃相比超白玻璃，玻璃材料中的亚铁离子含量更高，视觉效果泛绿。超白玻璃造价高于普白玻璃。因现代浮法玻璃生产技术不能完全消除硫化镍杂质的存在，所以钢化玻璃自爆不可避免。普通钢化玻璃自爆率的行业标准为 0.3％，理论上超白钢化玻璃自爆率更低，可以降低到 0.1％。

3. 中空层要求：中空层的设置与玻璃的传热系数相关。用于非气候边界围护使用的玻璃，如没有热工性能要求，可不做中空层。对保温隔热性能要求较高的外围护结构，可以进一步采用"三玻两腔"中空玻璃。

4. 镀膜层要求：镀膜玻璃的选择与玻璃整体各项性能参数及视觉效果相关。外围护结构使用的 Low-E 玻璃分为单银、双银、三银玻璃。三银玻璃热工性能及造价高于双银玻璃、单银玻璃。镀膜还可以在满足热工性能的基础上，根据设计要求生产出不同的颜色，如金色、宝石蓝、翡翠绿等。

5. 夹胶层要求：根据《建筑玻璃应用技术规程》JGJ 113-2015 中对使用工况及安全性的考虑，建筑水平放置的玻璃（如天窗、楼面、雨棚等）及防止坠落的玻璃，均应使用夹层玻璃或夹层中空玻璃，夹胶层应置于需安全保护一侧。

夹胶层使用的胶片分为 PVB 胶片与 SGP 胶片。常见夹层玻璃一般采用 PVB 胶片。PVB 胶片富有弹性、比较柔软、剪切模量小，两块玻璃间受力后会有相对滑移、承载力减小、弯曲变形大的情况，同时 PVB 胶片夹层玻璃外露边易受潮开胶，长期使用容易出现发黄现象。相对于 PVB 胶片，SGP 胶片生产的夹层玻璃的性能更加优越，对玻璃有较高的粘结能力，具有较强的抗撕裂强度，能防止玻璃破碎的飞散。SGP 胶片有足够的剩余承载力，玻璃破碎后再发生弯曲时不会整块脱落，能耐受紫外线、水汽和外界气候变化影响，长期使用不会出现泛黄变色现象。

6. 几何加工要求：对于使用弯弧/双曲等特殊加工工艺的玻璃应关注其对成本造价的影响。

7. 外观工艺要求： 玻璃可通过印刷彩釉、磨砂等表面工艺处理实现不同视觉效果（相关内容可参考本书第 5 章建筑玻璃知识概要）。玻璃配置信息应对相关要求（颜色、图案等）予以明确。

玻璃配置选择决定了建筑玻璃的各项性能及视觉效果，也是后续玻璃制样、现场实施所必需的信息。以常见玻璃样品标签为例（表 2-2），其产品结构与热工、视觉参数描述了工程实践中常用玻璃配置的基本要求。

表 2-2　常见玻璃样品标签中对于玻璃配置信息的描述

玻璃厂家名称：				
工程名称（Project Name）：				
产品结构（Project Mix）：8 超白 /1.52PVB/8 超白（BJS56SD）+12A+8 超白				
可见光透射比 τ	可见光反射比 R	传热系数 K	太阳得热系数 SHGC	样片编号
49%	18%	1.68	0.24	
业主确认			设计师确认	

注：产品结构表述中，"8"指玻璃厚度，"1.52PVB"指夹胶层信息，"超白"指玻璃基片属性（超白 / 普白），"BJS56SD"指厂家 Low-E 膜系名称，"12A"指中空层厚度及填充气体类型（空气 A，氩气 Ar）。

确定玻璃性能参数

镀膜玻璃的性能参数包含热工参数和视觉参数两部分。热工参数由建筑师先依据设计要求进行选择，后由绿建节能专业计算复核，相关取值要求在《建筑节能与可再生能源利用通用规范》GB 55015-2021 有明确规定①。视觉参数与视觉效果密切关联，建筑师需按设计使用场景及相关规范规定进行选择（图 2-3）。清晰地认识玻璃性能参数之间的关系，掌握合逻辑的方法是正确选择玻璃的开始。

注释：
① 节能相关规范规定的是外围护结构的热工性能。外围护结构的透光部分包含了玻璃以及窗框 / 幕墙龙骨。窗框 / 幕墙龙骨的传热系数相比玻璃更大，同时不透光，因此玻璃的热工参数相比规范要求的围护结构透光部分的热工参数，传热系数（K 值）需更低，$SHGC$ 值可更高。具体参数要求由节能设计复核。

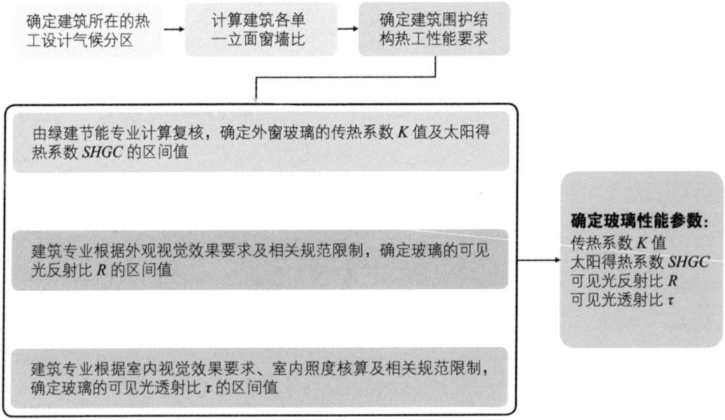

```
┌──────────────┐     ┌──────────────┐     ┌──────────────┐
│ 确定建筑所在的热 │ ──> │ 计算建筑各单  │ ──> │ 确定建筑围护结 │
│ 工设计气候分区 │     │ 一立面窗墙比  │     │ 构热工性能要求 │
└──────────────┘     └──────────────┘     └──────────────┘
```

由绿建节能专业计算复核，确定外窗玻璃的传热系数 K 值及太阳得热系数 $SHGC$ 的区间值

建筑专业根据外观视觉效果要求及相关规范限制，确定玻璃的可见光反射比 R 的区间值

建筑专业根据室内视觉效果要求、室内照度核算及相关规范限制，确定玻璃的可见光透射比 τ 的区间值

确定玻璃性能参数：
传热系数 K 值
太阳得热系数 $SHGC$
可见光反射比 R
可见光透射比 τ

图 2-3　确定玻璃性能参数流程图

在确定玻璃各项性能参数的流程中，主要参考的设计规范及标准的内容如下：

1. 热工设计气候分区需根据《公共建筑节能设计标准》GB 50189-2015 表 3.1.2 确定。

2. 单一立面窗墙面积比指建筑某一个立面的透光部分面积与该立面的总面积之比，简称窗墙面积比。《公共建筑节能设计标准》GB 50189-2015 对于窗墙比有如下规定：

严寒地区甲类公共建筑各单一立面窗墙面积比（包括透光幕墙）均不宜大于 0.60；其他地区甲类公共建筑各单一立面窗墙面积比（包括透光幕墙）均不宜大于 0.70。

当公共建筑入口大堂采用全玻幕墙时，全玻幕墙中非中空玻璃的面积不应超过同一立面透光面积（门窗和玻璃幕墙）的 15%，且应按同一立面透光面积（含全玻幕墙面积）加权计算平均传热系数。

3. 建筑围护结构热工性能要求可根据《建筑节能与可再生能源利用通用规范》GB 55015-2021 表 3.1.8 ~表 3.1.12 的规定确定。

4. 可见光反射比除视觉效果要求外，也需满足《玻璃幕墙光热性能》

GB/T 18091-2015 的相关规定：

玻璃幕墙应采用可见光反射比不大于 0.30 的玻璃。

在城市快速路、主干道、立交桥、高架桥两侧的建筑物 20m 以下及一般路段 10m 以下的玻璃幕墙，应采用可见光反射比不大于 0.16 的玻璃。

在 T 形路口正对直线路段处设置玻璃幕墙时，应采用可见光反射比不大于 0.16 的玻璃。

5. 可见光透射比也需满足《公共建筑节能设计标准》GB 50189-2015 规定：

甲类公共建筑单一立面窗墙面积比小于 0.40 时，透光材料的可见光透射比不应小于 0.60；甲类公共建筑单一立面窗墙面积比大于或等于 0.40 时，透光材料的可见光透射比不应小于 0.40。

6. 若建筑有绿建评分要求，需参考《绿色建筑评价标准》GB/T 50378-2019 相关规定，优化提高建筑围护结构的热工性能。

建筑玻璃视觉效果控制方法

ARCHITECTURE GLASS VISUAL EFFECT CONTROL METHODS

玻璃室外面及室内面的判断

检查玻璃反射效果

检查玻璃透射效果

检查玻璃在室外光线暗环境时的室内反射效果

远程选样

玻璃现场挂样

玻璃室外面及室内面的判断

通常按玻璃厂家惯例，提供镀膜玻璃样品玻璃参数的标签是贴在玻璃的室外面，建筑师可以通过玻璃参数标签的位置判断镀膜玻璃的室外面（以下简称"正面"）及室内面（以下简称"背面"）。但是存在标签被误贴在了玻璃的背面或标签脱落丢失的情况，导致建筑师对镀膜玻璃的正、背面无法判断或选择出错。

判定镀膜玻璃的正、背面，可以通过验证玻璃镀膜位置来判断。以 Low-E 中空玻璃为例，普通双银 Low-E 中空玻璃由两片玻璃组成，位于室外一侧玻璃为正面，从室外向室内将玻璃分为第 1 面、第 2 面、第 3 面、第 4 面，常规运用 Low-E 膜会安排在玻璃的第 2 面 [图 3-1（a）]。金 / 银 / 紫边的出现是因为中空合片要用结构胶，而镀膜层会影响结构胶的粘结效果，故要在粘结前洗去镀膜层，实际加工时往往会多洗去粘胶宽度的 0.5 ~ 1mm，多洗的部分即是可以观察到的金 / 银 / 紫边。

可以通过"观金 / 银 / 紫边" [图 3-1（b）] 及"看火焰颜色" [图 3-1（c）] 两种方法判定镀膜玻璃的正背面。

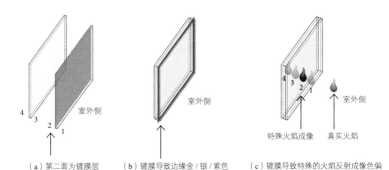

（a）第二面为镀膜层

（b）镀膜导致边缘金 / 银 / 紫色

（c）镀膜导致特殊的火焰反射成像色偏

特殊火焰成像　真实火焰　　室外侧

图 3-1　玻璃的金 / 银 / 紫边

观金 / 银 / 紫边

由于玻璃合片结构胶粘结原因，Low-E 镀膜层在合片结构胶范围要被洗掉，因精度的细微差（约在 1mm 以内）被洗掉部分在室外面（正面）看会出现金 / 银 / 紫色的边；如果 Low-E 膜被设计放在第 3 面（会影响节能效果），那么在镀膜玻璃的室内侧（背面）就能看到金 / 银 / 紫色的边。

图 3-2　镀膜玻璃非镀膜面照片实例

根据上述规律，当我们看到一条有色的"边"时，即可判定镀膜面的所在位置，并可针对性展开设计（图 3-2、图 3-3）。

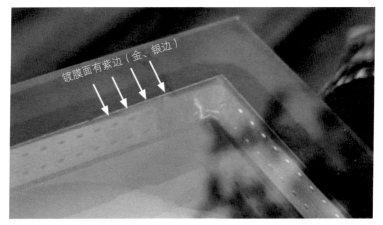

镀膜面有紫边（金、银边）

图 3-3　镀膜玻璃镀膜面照片实例

看火焰颜色

在镀膜玻璃小样一侧点亮打火机，观察镀膜玻璃内的反射火焰成像颜色，如图 3-4 所示，其中 2 号火焰反射成像颜色与其他成像颜色不同，2 号火焰成像在的一面就是玻璃的镀膜面。

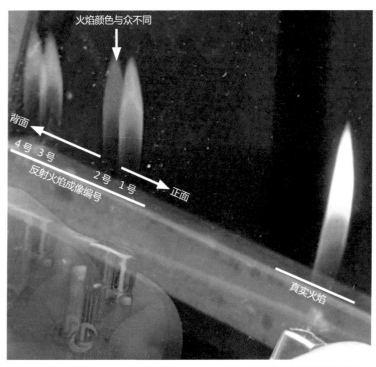

火焰颜色与众不同

背面

4号 3号　　　2号 1号

反射火焰成像编号

正面

真实火焰

图 3-4　观察镀膜玻璃内的反射火焰成像颜色

检查玻璃反射效果

考虑色彩还原效果，镀膜玻璃小样的比选应在室外自然阳光下进行（显色性要求），以多云天气（可观察阳光直射及非直射的多种情况）或项目所在地高频率天气为最佳条件。将相同部位的玻璃小样设定为一组，并根据反射率大小从小到大依次排列，每块小样向后倾斜45°靠在深灰色墙体或者深色架子上，即放在深色背景前（模拟玻璃使用时环境），人站在距离玻璃小样大于3m的位置，左右走动，从不同角度观察玻璃反射效果（图3-5），这样能够相对准确地观察到玻璃最终使用在建筑物上接近真实的效果（图3-6）。

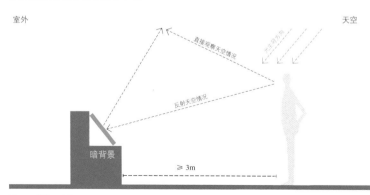

图 3-5　操作示意图

图 3-6 观察实例

看反射程度

　　镀膜玻璃的反射程度可通过样品标签数据结合肉眼观察的方法来确定。人眼判定可主要采用观察玻璃反射天空的亮度的方法，反射亮度越接近当时天空亮度，则反射率越高，反之则反射率越低。如图 3-7 中，镀膜玻璃反射程度从左至右依次降低。

与天空颜色对比

　　将镀膜玻璃反射的颜色与看样时的天空颜色进行对比，可以对玻璃的色偏进行判断。如图 3-7 中，从左至右第二块玻璃与天空颜色最为接近，其余玻璃均存在不同程度的色偏，第一块玻璃稍偏蓝，第四块玻璃稍偏绿。设计中可根据立面多种材料的组合要求，选择镀膜玻璃的色偏。

与天空颜色对比
玻璃反射颜色与天空颜色偏蓝

与天空颜色对比
玻璃反射颜色与天空颜色接近

与天空颜色对比
玻璃反射颜色与天空颜色偏绿

图 3-7　观察镀膜玻璃与天空对比

平整度与色偏对比

检查镀膜玻璃反射效果还需通过斜向观察，对玻璃在逆光 ① 及顺光 ② 时的反射成像情况（图 3-8）进行判断。逆光时多为反射效果，会体现镀膜的色偏（图 3-9），顺光在低反射情况下会色深及有透射效果（图 3-10）。

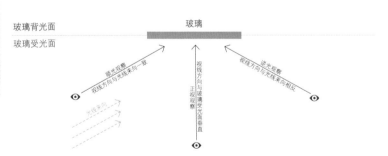

图 3-8　逆光、顺光观察玻璃反射情况示意图

注释：
① 逆光是指光线与眼睛视线方向相反的情况。
② 顺光是指光线与眼睛视线方向一致的情况。

图 3-9 逆光观察玻璃反射情况

图 3-10 顺光观察玻璃反射情况

平整度与色偏对比

因钢化工艺会产生应力不均匀的状况，玻璃常有不同程度的不平整。通过将玻璃反射物体成像与真实物体进行对比，来核实玻璃反射成像的平整度（图 3-11）及色偏（图 3-12）情况。

图 3-11 反射建筑成像检查平整度

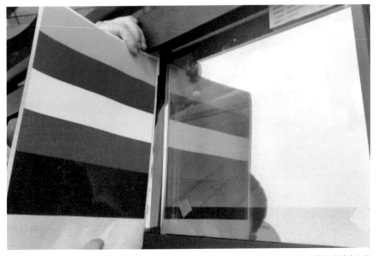

图 3-12 反射色卡检查色偏

检查玻璃透射效果

从外看内

    将相同部位的镀膜玻璃小样设定为一组，将玻璃小样根据透射率大小从小到大依次排列，每块玻璃小样垂直摆放在人视点高度。注意，玻璃样品应摆放在背景光弱于观看侧强度的位置，以模拟室外看室内的场景。站在距离玻璃外侧 3 ~ 4m 处缓慢向玻璃靠近或左右晃动，透过玻璃观察玻璃背后的景物是否重影、严重扭曲或存在色差（图 3-13）。

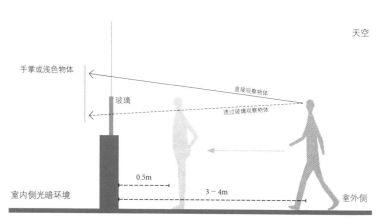

图 3-13　从室外看室内操作示意图

靠近玻璃，将一张纸或手掌放在玻璃背面（图 3-14），对比肉眼观察的物体和透过玻璃看到的物体之间是否存在色差、变形等问题。

图 3-14　观察实例

从内看外

模拟在室内的环境下透过玻璃观察室外的景物，站在距离玻璃内侧光环境较暗处，从 3 ~ 4m 处缓慢向玻璃靠近，透过玻璃背面观察玻璃正面外的景物是否重影、严重扭曲和存在色差（图 3-15），旨在检查透过玻璃观看室外景物时，色彩或影像的还原度。

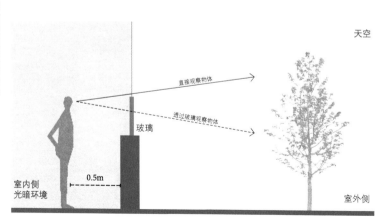

图 3-15　从室内看室外操作示意图

将一张纸或手掌放在玻璃外侧（图 3-16），对比直接观察的物体和透过玻璃看到的物体之间是否存在色差，以及变形、重影、物像模糊等除色彩以外的问题。

透过玻璃观察物体偏紫

此处无玻璃直接观察物体本色

直接观察物体

透过玻璃观察物体

透过玻璃观察物体接近本色

透过玻璃观察物体偏绿

图 3-16　观察实例

检查玻璃在室外光线暗环境时的室内反射效果

在室内较亮，室外光环境较暗的情况下（如夜间），将相同部位的玻璃小样设定为一组，把玻璃小样根据反射率大小从小到大依次排列，每块小样背面朝上，调整玻璃角度至看到室内物体反射成像（图 3-17），旨在检查镀膜反射的色偏是否在设计可接受的范围。

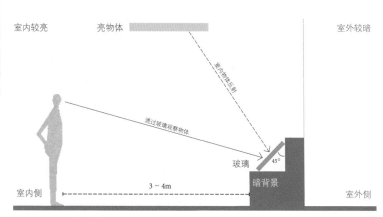

图 3-17　室内反射效果检查操作示意图

将玻璃靠在深灰色墙体或者深色架子上，人站在距离玻璃小样3～4m或更近的位置，观察玻璃反射效果。观察玻璃背面反射室内灯光或亮物体的效果，如图3-18中左侧玻璃偏绿，右侧玻璃偏紫，以判断镀膜层反射成像时的色偏。

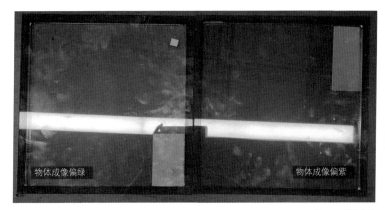

物体成像偏绿

物体成像偏紫

图3-18　观察实例

远程选样

在实际工作中经常会遇到设计与现场距离较远的情况，由于日程安排、项目工期及其他因素会导致建筑师难以频繁去现场进行材料比选及确定选样，或者是没有足够时间寄送小样供建筑师进行现场选样。

这种情况下，推荐借助网络传输工具，可以要求施工方或玻璃厂家根据设计方要求用同一拍摄设备（避免不同设备白平衡设置不同而导致的色偏）拍摄照片，采用实景照片的方式对现场玻璃小样进行初步缩小范围的选择。

拍摄照片应包括以下几种场景：

1. 同时包含天空及玻璃反射情况；

2. 逆光反射情况；

3. 顺光反射情况；

4. 室外正放效果（透射情况）；

5. 室内看室外景物还原情况。

在明确样品终选范围（通常 2 ~ 3 种）后，再到现场做终样选择的判断，直到封样为止（实样定板一定要现场确认）。

反射情形

　　反射情形的选样在室外自然阳光下进行，以多云天气为最佳条件，以拍摄正面、顺光及逆光三张照片为宜。

　　首先，将相同部位的玻璃小样设定为一组，并根据反射率从小到大依次排列，每块小样室外面朝上，向后倾斜45°靠在深灰色墙体或者深色架子上（图3-19）。

　　其次，人站在距离玻璃小样3～4m的位置，从人眼高度拍摄照片（图3-20），照片中应同时包含玻璃小样和天空。

　　注意需要在每张照片中标注清楚每块玻璃参数（图3-20）。

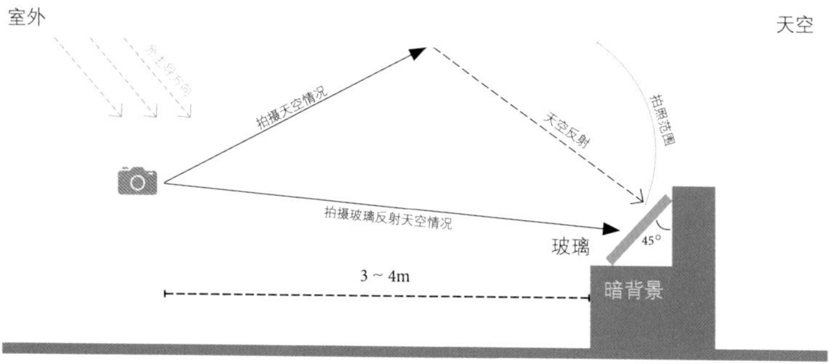

图 3-19　远程拍照操作示意图

照片中需包含天空作为参照

厂家 A	厂家 B	厂家 C	厂家 D
透射 41%, 反射 20%	透射 41%, 反射 20%	透射 49%, 反射 26%	透射 53%, 反射 20%
K 值 1.7, 得热 0.25	K 值 1.7, 得热 0.25	K 值 1.65, 得热 0.31	K 值 1.65, 得热 0.44

图 3-20　照片实例

透射情形——从内看外

　　首先，将相同部位的玻璃小样设定为一组，并根据透射率从小到大依次排列,每块小样室内面朝相机,每块玻璃小样垂直摆放在人视点高度。然后，站在距离玻璃小样 1.0m 左右的位置，从人眼高度拍摄照片，相机应置于相对暗的光环境中（不直接受光）（图 3-21）。

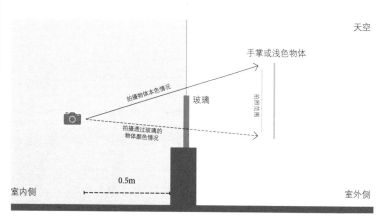

图 3-21　从室内看室外拍照操作示意图

拍摄一张照片（图 3-22），照片包括直接观察某物体（无玻璃情况）及透过玻璃观察同一物体的情况。注意，需要在每张照片中标注清楚每块玻璃的参数（图 3-22）。

透射 30%，反射 6%
K 值 1.73，得热 0.28

透射 66%，反射 10%
K 值 1.69，得热 0.42

透射 44%，反射 27%
K 值 1.69，得热 0.27

图 3-22　照片实例

透射情形——从外看内

   首先，将相同部位的玻璃小样设定为一组，并根据透射率从小到大依次排列，每块小样正面朝相机，每块玻璃小样垂直摆放在人视点高度。然后站在距离玻璃外侧 2～3m 的位置，从人眼高度拍摄照片，相机应在较亮的光环境中（图 3-23）。

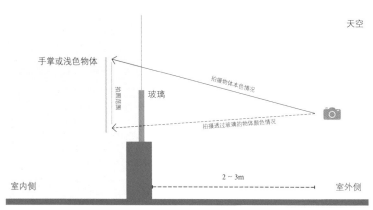

图 3-23 从室外看室内拍照操作示意图

拍摄一张照片（图 3-24），照片包括肉眼观察某物体及透过玻璃观察同一物体的情况。注意，需要在每张照片中标注清楚每块玻璃的参数（图 3-24）。

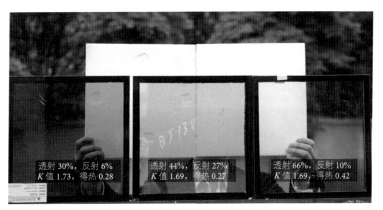

图 3-24　照片实例

玻璃现场挂样

挂样前准备工作

1. 对项目各玻璃种类进行评估：

性能参数：反射率、透射率、K 值、$SHGC$ 值、Low-E 膜系；

特殊工艺：是否夹胶、是否有彩釉、是否超白、是否弯弧等。

2. 明确各类玻璃的使用位置：

应在模型中分别标明各玻璃材料所使用位置，重点关注：大面积使用的玻璃 [图 3-25（a）]、重点空间的玻璃 [图 3-25（b）]、复杂工艺的玻璃 [图 3-25（c）]。

外墙现场挂样应涵盖完整的项目使用玻璃种类，关注不同玻璃种类交接处效果，关注不同角度及光强情况下的玻璃效果，重点关注大面玻璃及重要空间玻璃种类，并应在该阶段验证特殊的玻璃加工工艺。挂样前，应对项目所选的玻璃材料罗列完整的清单，明确各玻璃使用位置。同时，玻璃选样应与立面上使用的其他相关材料一同比选，观察不同材料的共轭效果，避免产生不和谐状况。

（a）大面积使用的玻璃

（b）重点空间的玻璃

（c）复杂工艺的玻璃

图 3-25 某办公项目玻璃类别位置示意

确定挂样位置

根据具体项目体量大小、使用材料类型，应在设计图纸上规划挂样位置，以便在挂样阶段能利于选择判断，呈现最真实的完成效果。

1. 挂样位置建议：

挂样位置建议选在朝南转角处，以便观察玻璃受光强弱对比情况；

对于高层建筑，可选在塔楼与裙房的形体交界、塔楼中段偏上两处；

对于有特殊工艺要求的玻璃（如曲面玻璃），应尽量做现场挂样；

挂样位置应在建筑外立面上，可保证玻璃背后为暗面，以便观察玻璃真实反射及透射效果（图3-26）。

2. 挂样注意事项：

玻璃挂样应与立面上其他材料挂样同时进行，便于观察不同材料色彩、肌理、质感的搭配效果；挂样阶段可在同一位置对未确定的玻璃进行最终对比验证。

挂样应保留一段时间，并观察在一天中不同时段，以及不同天气、气候、光照等情况下的效果，以便作出综合最优的决策。

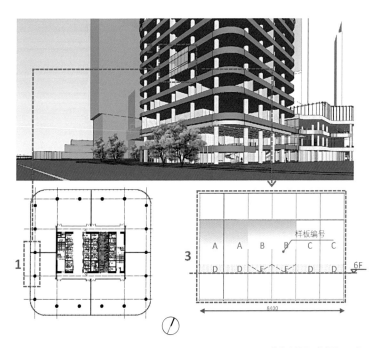

3

玻璃现场挂样

样板编号

A A B B C C

D D D D D D 6F

8400

图 3-26 某办公楼项目挂样位置示意图

现场看样

施工单位按设计要求完成挂样后，设计方应及时考察挂样效果。

现场看样时应按设计预定的判定要求，对需要观察的要点逐一确认；进入现场应遵循施工安全守则，并全程佩戴安全帽。

1. 观察方法：

正对样板面 [图 3-27（a）]，观察整体效果，玻璃反射效果，与周围相关材料搭配；

侧对样板面 [图 3-27（b）]，观察顺、逆光效果，在不同光照条件下的明暗关系；

靠近样板面 [图 3-27（c）]，观察玻璃细节：色彩还原度、玻璃反射重影、玻璃透射效果、玻璃平整度等；

进入室内 [图 3-27（d）]，观察室内透射效果，室外环境的色彩还原度，感受玻璃隔热效果，玻璃室内反射情况。

2. 观察时段：

通常 9:00 ~ 18:00，建议在样板保留期内（订货之前），结合现场服务安排不同光照情况下的看样验证。

（a）正对板面

（b）侧对板面

（c）靠近观察

（d）室内观察

图 3-27　某产业园项目多视角观察示意

建筑玻璃材料控制指引

ARCHITECTURE GLASS MATERIAL CONTROL GUIDELINE

材料控制指引

玻璃控制指引编制

材料控制指引示例

材料控制指引

材料控制指引是指导项目施工、控制建筑完成度效果，以及项目各参与方了解项目主要使用材料要求的重要文件。

材料控制指引内容

材料控制指引的主要内容应包括指引说明、幕墙类型表以及各材料控制指引（图 4-1）。

图 4-1　材料控制指引内容图解

材料控制指引说明

材料控制指引说明是对材料控制的编制依据、重要注意事项、指引应用范围等内容的说明。

幕墙类型表

材料控制指引应包含幕墙类型表（与幕墙施工图纸相对应，便于检查是否有缺漏项），总述各类型幕墙材料组成。

幕墙类型表应包含幕墙系统编号、幕墙系统名称及其材料组成（表4-1）。

表4-1 某项目幕墙类型表

幕墙系统编号	幕墙系统名称	材料组成 （B：玻璃；L：铝板；G：构配件 S：石材）
1	竖明横隐超白玻璃幕墙	B01、L04、G01、G03
2	钢化夹胶彩釉超白玻璃雨棚	B02、L01、G02
3	横向点式夹具彩釉超白玻璃幕墙	B04、G01、L01
4	横明竖隐超白玻璃幕墙	B01、L02、G02
5	吊挂钢化夹胶超白玻璃幕墙	B03、L01、L03、G01
6	黑色荔枝面＋红色穿孔板铝板幕墙	L05、G01、S01

玻璃控制指引编制

　　玻璃控制指引作为项目材料控制指引的主要组成部分，应与其他类型材料控制指引一起，共同指导项目施工，实现部分乃至整体的完成度效果。

指引编制目的

　　1. 归纳梳理玻璃的各种应用场景，便于控制建筑各部分完成效果；

　　2. 指导施工单位正确选择、采购和安装相关玻璃。

指引使用对象

　　为与项目建设相关的建设方、设计方、施工方、监理方所用。

指引编制原则

　　应逻辑简明，条理清晰，易于理解。

指引内容

　　应包括玻璃清单、各类型玻璃使用部位及其参数、选样标准、样品的效果照片及其标签，以及相关安装要求等。

玻璃清单

　　玻璃清单应包含项目中所用玻璃的材料编号、物理参数、效果要求、使用范围及相关备注要求等信息（表4-2）。

表4-2　某项目玻璃清单

材料种类	材料编号	面板组成	物理参数				效果要求	使用范围	备注
			反射率（%）	可见光透射率（%）	K值[W/（m²·K）]	太阳得热系数			
玻璃（B）	B01	10+12+10 双银 Low-E 中空钢化彩釉超白玻璃	15±2	55±2	≤1.80	≤0.33	全超白；反射视觉效果为银白色	5~23F 玻璃幕墙	—
	B02	6+12+6 双银 Low-E 中空钢化彩釉超白玻璃	15±2	55±2	≤1.80	≤0.33	乳白色彩釉	5~23F 玻璃幕墙	—
	B03	6+12+6 双银 Low-E 中空钢化超白玻璃	12±2	60±2	≤1.80	≤0.33	全超白；反射视觉效果为银白色	1~4F 玻璃幕墙	—

玻璃使用部位

用模型标示出各类型玻璃使用部位（图 4-2），并附相关玻璃参数表（表 4-3），备注安装要求等信息。模型标示应清晰准确，易于理解。

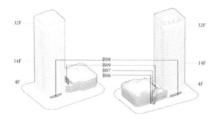

图 4-2 某项目玻璃使用部位图示

表 4-3 某项目玻璃参数表

材料编号	物理参数				效果要求	备注
	反射率（%）	可见光透射率（%）	K 值 [W/（m²·K）]	太阳得热系数		
B06	≤ 16	≥ 40	≤ 3.065	≤ 0.28	全超白；乳白色彩釉；半钢化夹胶中空	裙楼瞭望窗弯弧半径较小玻璃
B07	≤ 16	≥ 60	≤ 3.065	≤ 0.28	全超白；半钢化夹胶中空	用于裙楼瞭望窗正面玻璃
B08	≤ 16	≥ 40	≤ 3.065	≤ 0.28	全超白；乳白色彩釉；钢化夹胶	裙摆大雨棚
B09	20 ± 2	≥ 55	≤ 3.065	≤ 0.27	全超白；乳白色彩釉；半钢化夹胶中空	共享大厅玻璃采光顶

各类型玻璃效果

　　材料控制指引需附各类型玻璃效果小样照片，并附对应标签（图 4-3）；标签应标明各类型玻璃参数及效果要求，与玻璃清单保持一致，并在标签上标示相应玻璃编号。

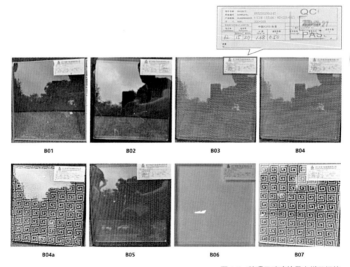

图 4-3　某项目玻璃效果小样及标签

材料控制指引示例

材料控制指引说明

图 4-4 某项目效果图

这里以实际建设某项目举例。该项目幕墙总面积约 40600m²，主要材料为玻璃与铝合金（图 4-4），其中玻璃因厚度、弯弧、性能参数等不同分别进行编号。

指引对上述材料的范围、视觉效果进行说明与建议。性能指标以相应的节能计算或幕墙强度计算为准。

指引作为封样的指导，需所有材料齐全，经设计方与业主达成一致意见后进行签字封样。

幕墙类型表

幕墙系统编号	幕墙系统名称	材料组成 （B: 玻璃；L: 铝板；G: 构配件）
1	横明竖隐玻璃幕墙	B01-B08、L04、G01、G03
2	出入口玻璃雨篷	B05、B08、G01
3	玻璃采光顶幕墙	B09、G01
4	镜面铝复合板幕墙	L02、G01
5	铝单板幕墙（含穿孔铝单板）	L01、L03、L09、G01
6	铝合金格栅	L05、L10、G01
7	穿孔铝板插接式格栅吊顶	L08
8	隐框铝合金百叶幕墙	L07
9	铝合金拉孔板幕墙	L06

玻璃清单

材料种类	材料编号		面板组成	物理参数				效果要求	使用范围	备注
				反射率（%）	可见光透射率（%）	K值[W/(m²·K)]	太阳得热系数			
玻璃（B）	B01	B01-a	10（HS）+1.52PVB+10（HS）（三银/双银Low-E）+12A+12（TP）mm钢化夹胶三银/双银Low-E中空玻璃（平板）	≤16	≥60	≤3.065	≤0.28	全超白；反射视觉效果为银白色；乳白色彩釉	1～3F玻璃幕墙	—
		B01-b	10（HS）+2.28PVB+10（HS）（三银/双银Low-E）+12A+12（TP）mm钢化夹胶三银/双银Low-E中空玻璃（弯弧）	≤16	≥60	≤3.065	≤0.28		1～3F玻璃幕墙转角	弧形玻璃镀膜不出现摩尔纹
	B02	B02-a	6（HS）+1.52PVB+6（HS）（三银/双银Low-E）+12A+8（TP）mm钢化夹胶三银/双银Low-E中空玻璃（平板）	≤20	≥55	≤3.065	≤0.25	全超白；反射视觉效果为银白色（与B01尽量一致）；乳白色彩釉	4～13F玻璃幕墙	—
		B02-b	6（HS）+1.9PVB+6（HS）（三银/双银Low-E）+12A+8（TP）mm钢化夹胶三银/双银Low-E中空玻璃（弯弧）	≤20	≥55	≤3.065	≤0.25		4～13F玻璃幕墙转角	弧形玻璃镀膜不出现摩尔纹
	B03	B03-a	8（HS）+1.52PVB+8（HS）（三银/双银Low-E）+12A+8（TP）mm钢化夹胶三银/双银Low-E中空玻璃（平板）	≤20	≥55	≤3.065	≤0.25		14～31F玻璃幕墙	—

注：四项物理参数应按规范要求，综合设计各朝向情况，取其包络的数值，并考虑玻璃厂家生产具备的产品。

其他材料清单

材料种类	材料编号	材料名称及参数	设计要求	使用范围	备注
铝板（L）	L01	4mm 厚万字纹穿孔铝板，穿孔率 50%（图案见附件）	乳白色氟碳喷涂，色号 1.3Y/1/9	塔楼及裙楼落地开启扇外侧	所用色卡为国家标准《建筑颜色的表示方法》GB/T 18922-2008
	L02	4mm 厚镜面铝复合板	镜面效果	塔楼标准层层间	—
	L03	2mm 厚背衬铝板	深灰色粉末喷涂，色号 N3.75	塔楼层间玻璃背侧	所用色卡为国家标准《建筑颜色的表示方法》GB/T 18922-2008
	L04	2mm 厚铝板	乳白色氟碳喷涂，色号 1.3Y/1/9	塔楼及裙楼落地开启扇壁板	所用色卡为国家标准《建筑颜色的表示方法》GB/T 18922-2008
门窗（M）	M01	明框带企口外平开门	中灰色氟碳喷涂，色号 N5.25	裙楼一层	隐藏式闭门器；所用色卡为国家标准《建筑颜色的表示方法》GB/T 18922-2008
	M02	铝合金明框断热桥旋转门	中灰色氟碳喷涂，色号 N5.25	裙楼一层塔楼及裙楼南北主入口	下置式电机；所用色卡为国家标准《建筑颜色的表示方法》GB/T 18922-2008
构配件（G）	G01	铝合金龙骨	室内乳白色氟碳喷涂，色号 1.3Y/1/9	幕墙室内可见龙骨	所用色卡为国家标准《建筑颜色的表示方法》GB/T 18922-2008
	G02	可拆卸式铝合金开启执手	乳白色氟碳喷涂，色号 1.3Y/1/9	塔楼及裙楼落地开启扇	所用色卡为国家标准《建筑颜色的表示方法》GB/T 18922-2008
	G03	10mm 不锈钢夹具	316 不锈钢	裙楼 6m 层高玻璃幕墙	—

玻璃使用位置及图示 1

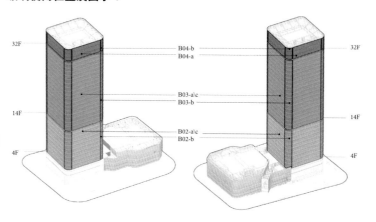

材料编号	物理参数				效果要求	备注
	反射率（％）	可见光透射率（％）	K 值 $[W/(m^2 \cdot K)]$	太阳得热系数		
B02-a\c、B03-a\c、B04-a	≤ 20	≥ 55	≤ 3.065	≤ 0.25	超白；乳白色彩釉	平板玻璃及消防救援窗玻璃视觉效果相同，厚度和是否夹胶有区别
B02-b、B03-b、B04-b	≤ 20	≥ 55	≤ 3.065	≤ 0.25	超白；乳白色彩釉	弯弧玻璃视觉效果相同，厚度有区别

玻璃使用位置及图示 2

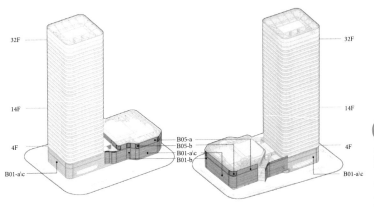

材料编号	物理参数				效果要求	备注
	反射率（％）	可见光透射率（％）	K 值 [W/（m²·K）]	太阳得热系数		
B01-a/c B05-a	≤ 16	≥ 60	≤ 3.065	≤ 0.28	全超白；乳白色彩釉	平板玻璃及消防救援窗玻璃视觉效果相同，只有厚度和是否夹胶区别
B01-b、 B05-b	≤ 16	≥ 60	≤ 3.065	≤ 0.28	全超白；乳白色彩釉	弯弧玻璃视觉效果相同只有厚度区别

玻璃效果小样

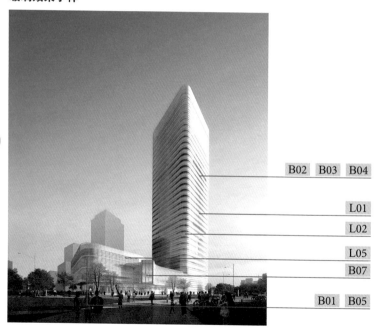

B02　B03　B04

L01

L02

L05

B07

B01　B05

B01
双银中空 Low-E 钢化夹胶玻璃
彩釉;超白;反射率 ≤ 16%

B04
钢化夹胶玻璃
彩釉;超白;反射率 ≤ 20%

B02 **B03**
双银中空 Low-E 钢化夹胶玻璃
彩釉;超白;反射率 ≤ 20%

B05
钢化夹胶玻璃
彩釉;超白;反射率 ≤ 20%

B07
双银中空 Low-E 钢化夹胶玻璃
超白;反射率 ≤ 16%

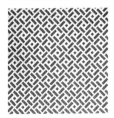

L01
4mm 厚穿孔铝板
乳白色闪银氟碳喷涂

L02
4mm 厚镜面复合板

L05
φ 80 铝合金装饰格栅
乳白色哑光氟碳喷涂

建筑玻璃知识概要
ARCHITECTURE GLASS INTRODUCTION

建筑玻璃的加工工艺

建筑玻璃的物理性能

建筑玻璃的视觉特性

常用建筑玻璃类型

特殊建筑玻璃类型

建筑玻璃的加工工艺

镀膜

玻璃镀膜是一种在玻璃表面涂镀一层或多层金属、非金属、合金或金属化合物薄膜的工艺，通过镀膜可以改变玻璃的光学、热工、导电等性能，满足某种特定要求①。

镀膜玻璃按镀膜工艺及时间段，可以分为在线与离线两大类。在线镀膜玻璃是指玻璃在浮法线上进行镀膜，镀膜完成后为非钢化状态，可继续进行切割、钢化、热弯等工艺，在线镀膜玻璃可裸露在空气中使用（但不推荐）。离线镀膜玻璃是指浮法玻璃离开生产线，重新回到镀膜生产线形成的镀膜玻璃产品。其中离线镀膜工艺又分两种，一种是镀膜需在钢化之后，这种方式玻璃镀膜强度和耐候性较差（工艺原因），一般要求镀膜玻璃立即制成中空玻璃使用；另一种是镀膜在钢化前，这种工序对于膜质量要求较高，得到的玻璃上的膜也更为平整，其深加工方式同在线镀膜玻璃。

下文中讨论的都是广泛使用的离线镀膜玻璃。

注释：
① 徐长青，程舟，黄振锋. 镀膜玻璃研究进展 [J]. 玻璃，2021，48（8）: 60-62.

玻璃镀膜的工艺主要有真空磁控溅射法、真空蒸发法、喷雾热解法、化学气相沉积法以及溶胶—凝胶法等。

镀膜玻璃按产品的不同特性，可分为以下几类：热反射玻璃、低辐射玻璃（Low-E）、导电膜玻璃等。应用最多的是热反射玻璃和低辐射玻璃（Low-E）[1]。

单银玻璃膜需要镀膜 5 层，从内自外分别为介质层、减反射层、银层、减反射层、介质层。双银玻璃在单银玻璃的基础上增加 4 层，从内自外分别为减反射层、银层、减反射层、介质层，三银玻璃在双银玻璃的基础上再增加 4 层，从内自外分别为减反射层、银层、减反射层、介质层。

注释：
① 唐峰. 镀膜玻璃的生产工艺及性能研究 [J]. 冶金与材料，2022，14（1）：5-6.

夹层

夹层玻璃或称夹胶玻璃，是由两片或两片以上的玻璃通过有机胶合材料使其永久粘合的复合玻璃产品。夹层玻璃起初是为了当玻璃受外力破损时仍保持整洁光滑，玻璃碎片不会散落造成安全隐患，后逐步衍生出防弹玻璃、防盗玻璃、防火玻璃等多种功能的产品。

夹层玻璃的生产方法中较为常见的有：高压釜胶片法（又称干法）、灌浆法（又称湿法）以及真空一步法等。其中干法夹胶玻璃抗穿透能力较强，可以大量用于室外场景，而湿法夹胶虽然不限于产品形状，但是在阳光下胶会挥发，影响视野，一般用于家用玻璃栏板[1]。

此外，市场夹层玻璃中间的膜的种类多种多样，如彩色膜等，可以满足不同的功能和装饰需求。

注释：
① 刘志海. 夹层玻璃的发展现状及趋势 [J]. 中国建材，2003（9）: 63-65+4.

热弯

　　玻璃的热弯工艺是将切割好的玻璃放在热弯机模具之间，通过几段工序依次加热到一定温度（通常是580℃左右）使其软化，在一定压力下软化玻璃，使其逐步与模具贴合，再通过保压、逐步降温的方式得到模具的形状。

　　玻璃的热弯工艺使玻璃不再仅限于平面切割，而是迈向了曲面的三维形状，为建筑的特殊使用部位，例如转角或雨棚等，提供更多玻璃造型表现的可能。

彩釉

  彩釉玻璃是一种耐磨耐酸碱的装饰性玻璃产品。其加工过程是通过施釉工艺将无机釉料涂覆在玻璃表面，经过干燥、加热炉加热至玻璃釉料熔融状态，并经过钢化淬冷得到。常用的施釉工艺有丝网印刷、滚筒印刷（胶辊印刷）和数码釉料打印等[①]。

  彩釉玻璃（指涂釉部分）在实际使用中呈现一种透光不透明的状态，无论釉色是什么色，透射的光仍然是全色光（区别有色玻璃）。彩釉玻璃的颜色和图案可根据建筑师的需求，结合设计表达目标进行定制。常见的彩釉类型有：单色图案彩釉、双色图案彩釉和彩色图案彩釉等。注意，在设计定制图形时，通常情况下彩釉图案之间的距离应大于 2mm，以防止印刷时图案之间产生粘连。

  除此之外，成品彩釉玻璃可进行镀膜、夹层（需考虑胶膜与釉层的相融性）、合成中空等复合加工，获得复合多元的特殊性能（图 5-1）。

注释：
① 童帅，胡冰，王烁.浅谈建筑工程彩釉玻璃加工技术 [J]. 玻璃，2014，41（2）：43-49.

图 5-1　橙色彩釉点玻璃室内外效果

钢化

  钢化玻璃是除夹层玻璃外另一种安全玻璃。玻璃的物理钢化通常是指将普通退火玻璃加热到一定的温度（通常 650～700℃），在玻璃接近软化时进行淬火，在玻璃表面形成压应力层，以提高玻璃的机械强度和耐热冲击强度。除此之外，玻璃还有化学钢化（又称离子交换钢化）的方式，利用玻璃表面离子的迁移和扩散，通过离子交换的方式，在较薄的玻璃表面层区域发生成分变化，从而增加玻璃表面的压应力[①]。

  钢化玻璃的强度是普通退火玻璃的 4 倍以上，其抗弯和抗冲击强度也有显著提升。但由于钢化玻璃外表面有均匀压应力，内部相应有张应力，一经钢化就不能做任何切割、磨削等加工，否则就会因破坏均匀压应力平衡而碎裂。普通白玻与超白玻璃在钢化后均存在一定的自爆现象，主要是因玻璃中存少量硫化镍所引起。玻璃的自爆率与玻璃的厚度、单块面积大小及批次玻璃数量等因素有关，按业内玻璃供货通常约定，普通白玻钢化自爆率约 0.3%，超白玻钢化自爆率约 0.1%。实际使用时，一旦局部受外力破损，内外应力释放，玻璃将碎成极小的碎片且没有尖锐棱角（图 5-2），用于需要安全玻璃的区域。

注释：
① 王立祥，刘振甫，金文国. 影响化学钢化玻璃质量的因素分析 [J]. 玻璃，2012，39（4）: 27-31.

5

建筑玻璃知识概要

图 5-2　钢化玻璃实际破碎效果

玻璃深加工流程先后顺序

由于玻璃的各项深加工工艺会造成其物理化学性能改变，彼此之间存在一定的先后顺序关系。表 5-1 中所列为各项加工工艺相互之间的先后顺序及可行性（表 5-1 仅作参考，具体工艺应由具体项目设计师与供应商沟通确定）。

考虑目前部分玻璃深加工企业没有镀膜生产线，多采购已镀膜的浮法玻璃大板原片进行深加工。本书将玻璃"先钢后镀"的深加工工艺常见流程整理成图 5-3，将"先镀后钢"的深加工流程整理成图 5-4，供读者参考。

表 5-1　建筑玻璃深加工工艺先后顺序表

先 ＼ 后	切割	彩釉	钢化	镀膜	热弯	夹层	合片
切割		✓	✓	✓	✓	✓	✓
彩釉	✓		✓	✓	✓	✓	✓
钢化	✗	✓		✓	✗	✓	✓
镀膜	✓	✗	✓		✓	✓	✓
热弯	✗	✗	✗	✗		✓	✓
夹层	✗	✗	✗	✗	✗		✓
合片	✗	✗	✗	✗	✗	✗	

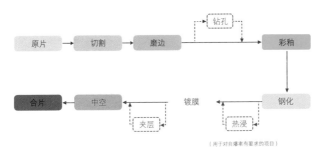

图 5-3　玻璃原片工艺流程图

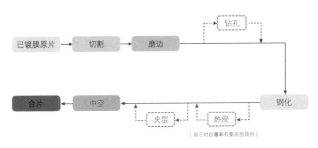

图 5-4　已镀膜玻璃工艺流程图

建筑玻璃的物理性能

力学性能

　　玻璃作为一种脆性材料，其机械强度可分为抗压、抗折、抗拉、抗冲击等指标，建筑中普遍使用的石英玻璃的抗压强度高达 1000MPa，抗拉强度仅 60MPa，抗弯强度也仅为 65MPa 左右，可以看出玻璃的抗压性较好，抗拉和抗弯性较差。

　　石英玻璃中 SiO_2 含量大于 99.5%，莫氏硬度为 7 左右，高于铁的硬度，不易被常用金属划伤。二氧化硅是酸性氧化物，有天然的良好耐酸性能，现代玻璃中又添加了一部分稀土氧化物，如氧化镧、氧化钇、氧化铝等，使得其耐碱能力大幅提高，满足玻璃在外围护表皮中使用时需要的耐候性能。

　　由于玻璃较好的抗压性能和耐候性能，并且因其透明、透光的特性，在建筑工程中通常作为透光围护材料使用（图 5-5）。

图 5-5 玻璃作为建筑的围护材料使用

传热性能

　　玻璃是非金属材料,虽然它的导热系数(λ)仅为 $0.8 \sim 1.0W/(m^2 \cdot K)$,远远低于金属,如铁的导热系数为 $80W/(m^2 \cdot K)$,但由于面材玻璃厚度较薄,导致自身热阻非常小,几乎可以忽略不计,所以在实际使用中玻璃窗的隔热需要增加气体或真空间层。

　　普通的透明玻璃单片传热系数 K 值约为 $5.8W/(m^2 \cdot K)$,在经过 6mm+12mm(空气)+6mm 的中空组合后 K 值降到 $2.7W/(m^2 \cdot K)$ 左右,可见在增加 12mm 的中空层后玻璃的导热系数可减少一半左右,这个倍数关系同样适用于热反射玻璃、Low-E 玻璃等。中空玻璃的空气间层并非越大越好,通常 12mm 的空气间层是减少玻璃导热系数的最佳值。

　　降低玻璃导热系数的方法通常还有中空抽真空、中空充氩气、夹层灌注防火凝胶层等。

吸光性能

当光线入射玻璃时，表现为反射、吸收和透射三种情况，通常玻璃的反射率＋吸收率＋透光率＝100% 入射率。这三种情况中，反射率和透光率与玻璃的视觉特性相关，吸收率是玻璃的热工特性，玻璃吸收了一部分红外线后，自身的温度升高，会将吸收的热量向内和向外重新辐射。

玻璃的得热系数一定程度上反映了玻璃的吸光性，如一块茶色玻璃的太阳光直接透射比为 50%，而太阳光总透射比为 63%，那么多出来的 13% 就是玻璃吸收光能后的二次辐射。

力学安全性能

为了增强玻璃透明情况下的安全性能，以达到安全使用的目的，最常用有三种方式：第一种是增强单片玻璃力学性能的钢化处理；第二种是用多片玻璃共同受力的夹胶粘合处理；第三种是将玻璃加厚。

钢化玻璃：经过钢化后，玻璃的抗冲击和抗弯强度是普通玻璃的3~5倍；当玻璃被破坏时，碎片呈蜂窝状钝角小颗粒状，人不易被划伤；钢化后的玻璃能承受的温差约300℃，是普通玻璃的3倍。

夹胶玻璃：将两片或多片玻璃用胶膜粘接成一整块玻璃后，即使受到撞击破碎，也不会像普通玻璃那样产生锋利的碎片伤人，通常应用在栏板、天窗或雨棚处。如果用于夹胶玻璃的基片玻璃是钢化玻璃，那么夹胶后的玻璃整体力学和安全性能更佳。玻璃的安全厚度可以夹胶后玻璃的总厚度来计算。

单片玻璃加厚：单片玻璃加厚也可增加玻璃的力学强度，从而增加玻璃的安全性，但通常由于加厚会带来造价增加，因而提高强度以单纯加厚玻璃不作为一个常规选项。

防火安全性能

发生火灾时，火焰局部温度能够达到 600 ~ 800℃，普通玻璃在这个温度下容易膨胀后碎裂，因而防火性能较差。

经过铯钾离子置换的单片玻璃可以满足一定的防火需求，制作铯钾玻璃通常是将玻璃加热后通过一系列离子交换在玻璃中置入铯离子和钾离子，完成离子交换后的玻璃形成了较致密的分子组合，进而达到耐火性目标。

除了单片防火玻璃外，还可以在双层玻璃中灌注阻燃胶、玻璃夹丝等方式达到防火、阻火的目的。

建筑玻璃的视觉特性

玻璃的透光性

　　玻璃的透光性是指光线通过透射，可以从玻璃的一侧传递到另一侧，使玻璃的另一侧也受到光线照射，这是玻璃最基本的属性。建筑因玻璃的透光性，白天无需照明，可节省能源。同时，可通过调节玻璃透光率，消除室内光线过强的不利因素，使室内的光线柔和、恬静、温暖。透光性是建筑用玻璃最重要的特性。

玻璃的透明性

　　玻璃的透明性和透光性不同，实为两个截然不同的概念。玻璃的透明性是指人眼透过玻璃看到玻璃背后的物体的容易程度。早期的玻璃受当时生产技术和工艺所限，透光而不透明。原因有两个：一是由于当时熔化玻璃液的温度低，在玻璃中存在大量未熔化的颗粒杂质及气泡，造成光线的散射，从而使玻璃只透光而不透明；二是工艺造成玻璃板表面的不平整，致使光线散射，从而透光而不透明。随着现代化技术和工艺的发展，如今生产的玻璃都是纯净透明的，玻璃的透明性不仅给人们带来优良的光环境，还带来了视觉的通透、空间的延伸及建筑内外空间的融合；同时也能采取特殊的生产工艺（如压延法、磨砂法等）生产只透光而不透明的玻璃，例如用压花玻璃装饰卫生间的门窗，用磨砂玻璃作室内隔断等。玻璃透明性的不同运用，大大改变了近现代建筑的表情方式。

玻璃的半透明性

　　玻璃的半透明性是指玻璃的单向透明性，即玻璃从一个方向看是透明的，从另外一个方向看是不透明的。建筑玻璃的半透明性通常通过玻璃镀膜技术实现，当玻璃背后是暗环境时，人眼面对玻璃镀膜面一侧看，只能看到玻璃面的反射影像，看不到玻璃背后的透射影像，即从镀膜面观看玻璃，玻璃是不透明的。从未镀膜面观看玻璃时，因其反射率较低，其反射影像的光线强度低于玻璃背面透射影像的光线强度，所以人们看到的就是玻璃后面的透射影像，即人眼从未镀膜面观看，玻璃是透明的。

　　建筑玻璃的半透明性被广泛运用于玻璃幕墙或一些特殊场合。它提供一定的遮蔽性（如楼梯、楼板、管井、墙体等），既使建筑统一整体并具有一定私密性，又不影响建筑物内部的外视景观；夜晚，当室外的光线强度低于室内时，室内的场景可清晰透出室外侧。但镀膜的高反射率也会带来光污染的弊端，因此运用玻璃的半透明特性时应考虑场合。

玻璃的折射性

　　光从一种透明介质斜射入另一种透明介质时，传播方向一般会发生变化，这种现象叫光的折射。而玻璃作为透明介质，在光线与其表面非正交情况下，一定会产生折射。选用玻璃时应对玻璃的折射规律有所认识和了解，如应用不当易产生负面影响。如今玻璃应用多为组合模式，如中空、多片夹胶、玻璃片多角度组合、弧形玻璃等，都会在不同光线下产生多样的效果，采用创意的效果规避负面影响需要通过实样观察作为验证的手段。

玻璃的反射性

　　玻璃的反射性是指光线经过玻璃表面时被反射的特性，与建筑用平板玻璃光洁的表面相关。玻璃的反射特性产生多变的视觉效果，给建筑增添意料之外的多种变化。

　　在建筑上大量应用玻璃的反射性始于热反射镀膜玻璃的产生。人们发明热反射镀膜玻璃的目的之一是建筑的节能，是为了降低玻璃的遮阳系数，提高遮阳效果。发明热反射镀膜玻璃的目的之二是美观，因为热反射玻璃有各种颜色，如茶色、银白色、银灰色、绿色、蓝色、金色等。热反射玻璃不仅有颜色变化，其反射率也比普通玻璃高，可达到20％～50％。

　　在应用玻璃的反射性时应限制在合理的范围，不可盲目追求高反射率。反射率过高，不仅破坏建筑的美与和谐，而且会造成"光污染"。解决"光污染"的办法是按照相应的技术法规选择玻璃，限制"光污染"的泛滥，科学和理智地应用玻璃的反射性。

玻璃的多色性

最早制造的玻璃都是带颜色的，因为在玻璃中含有大量的有色杂质。如何将玻璃脱色，将其制成纯净透明的目标贯穿整个玻璃制造的历史。即便是在今天，这一问题也没有完全经济性地解决，如普通浮法玻璃仍然带有淡淡的绿色，原因是玻璃中含有过量的铁元素。在玻璃透明化的发展过程中，人们并未失去对有色玻璃的需求，在浮法玻璃中加入不同颜色，玻璃会呈现出类似加色体系的色彩效果，可满足多种场景的运用。

如今的建筑需求各异，彩色玻璃的应用场景逐渐增多。要想应用彩色玻璃必须采用特殊的技术和工艺，如本体着色玻璃、镀膜玻璃、彩釉玻璃、彩绘玻璃、贴膜玻璃等。现代建筑在外立面幕墙、门窗等部位都有彩色玻璃的运用，特别是彩色玻璃在室内装饰上得到了尽情发挥，如彩色玻璃隔断、彩色玻璃屏风、彩色玻璃画、彩色玻璃天顶、彩色玻璃拦板等。

常用建筑玻璃类型

常用建筑玻璃类型如图 5-6 所示。

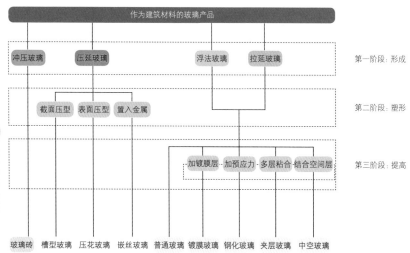

图 5-6　常用建筑玻璃分类

超白玻璃

超白玻璃是玻璃原片的一种，可用于加工各种深加工产品。由于含铁率不同，玻璃的透光率也就不同。普通透明白玻璃通过进一步去除铁离子后，得到的含铁率更低、透光率更高的玻璃，称为超白玻璃，也称低铁玻璃、高透明玻璃，其透光率最高可达 91.5% 以上（表 5-2）。由于原料中的含铁量仅为普通玻璃的 1/10 甚至更低，超白玻璃相对普通玻璃对可见光中的绿色波段吸收较少，确保了玻璃颜色的一致性，因此具有晶莹剔透、高档典雅的品质。且由于杂质较少，在原料熔化过程中的精细控制，使得超白玻璃相对普通玻璃具有更加均一的成分，从而大大降低了钢化后自爆的几率。超白玻璃同时具备优质浮法玻璃所具有的一切可加工性能，具有优越的物理、机械及光学性能，可像其他优质浮法玻璃一样进行各种深加工。优越的视觉效果、质量和性能使其具有广阔的应用场景。

超白玻璃

超白玻璃可像其他优质浮法玻璃一样进行各种深加工，如钢化、镀膜、彩釉、热弯、夹胶、中空等。

常用尺寸：厚度为 2～25mm；最小规格为 920mm×1016mm；最大规格为 3660mm×8000mm；可少量生产 3660mm×18000mm 以上特大板。

表 5-2　不同厚度普通透明浮法玻璃与超白玻璃透光率对比

厚度（mm）	3	4	5	6	8	10	12	15	19
浮法玻璃透光率	89%	88%	87%	85%	83%	82%	79%	77%	73%
超白玻璃透光率	92%	92%	91%	91%	91%	91%	91%	91%	90%

材料特性：

1. 玻璃的钢化自爆率低：玻璃原料中一般含有 NIS 等杂质，超白玻璃在提取铁离子过程中，需要更精细的控制，同时使超白玻璃相对普通玻璃具有更少的杂质和更加均匀的成分，从而大大降低了钢化后的自爆率。

2. 颜色一致性高：玻璃中的铁离子具有吸收可见光绿色波段的作用（图 5-6）。超白玻璃原料中的含铁量仅为普通玻璃的 1/10 甚至更低，从而保证了玻璃颜色的一致性。

3. 可见光透过率高，透明度好：6mm 厚度的超白玻璃有着 91% 的可见光透过率（表 5-2），视觉体验更显清晰，更能突显视觉对象的真实原貌。但相应的紫外线透过率也比普通玻璃高。

4. 价格高：因超白玻璃生产工序多、质量控制要求高，所以其售价高于普通白玻璃。

超白玻璃

超白玻璃因其水晶般光泽、优越的视觉还原度,以及良好的光折射率(图 5-7),被广泛应用于高品质场合,如建筑的室内空间分隔、建筑的高标准幕墙(图 5-8)、高档玻璃家具、各种仿水晶制品以及文物保护陈列与展示、黄金珠宝首饰展示、品牌专卖店橱窗,等等。同时还应用于一些科技产品、电子产品、高档汽车、太阳能电池等行业。

图 5-7　普通玻璃与超白玻璃对比　　　　　图 5-8　超白玻璃案例：成都市西博城

钢化玻璃

钢化玻璃属于安全玻璃（图 5-9）。钢化玻璃是一种预应力玻璃，为提高玻璃的强度，通常使用化学或物理的方法，在玻璃表面形成压应力，玻璃承受外力时首先抵消表层应力，从而提高了承载能力，增强玻璃自身抗风压性、抗温度应力性、抗外部冲击性等。

材料分类：

1. 按形状：平面钢化玻璃和曲面钢化玻璃。

2. 按工艺：物理钢化玻璃称为淬火钢化玻璃；化学钢化玻璃通过改变玻璃表面的化学组成来提高玻璃的强度，一般是应用离子交换法进行钢化。

3. 按钢化度：超强钢化玻璃：钢化度大于 4N/cm；钢化玻璃：钢化度 $=2 \sim 4N/cm$，玻璃幕墙钢化玻璃表面应力 $\alpha \geq 95MPa$；半钢化玻璃：钢化度 $=2N/cm$，玻璃幕墙半钢化玻璃表面应力 $24MPa \leq \alpha \leq 69MPa$。

常用尺寸：钢化玻璃厚度有 3mm、5mm、6mm、8mm、10mm、12mm、15mm、19mm 八种。最大尺寸为 6800mm×2400mm，一般 6mm 玻璃不超过 3m²，8mm 玻璃不超过 4m²，10mm 玻璃不超过 5m²，12mm 玻璃不超过 6m²。

图 5-9　钢化玻璃样片

钢化玻璃

材料特性：

1. 安全性：当玻璃受外力破坏时，碎片会成类似蜂窝状的钝角碎小颗粒，不易对人体造成严重的伤害；

2. 高强度：厚度相同的钢化玻璃抗冲击强度是普通玻璃的 3～5 倍，抗弯强度是普通玻璃的 3～5 倍；

3. 热稳定性：钢化玻璃具有良好的热稳定性，能承受的温差是普通玻璃的 3 倍，可承受 300℃的温差变化。

图 5-10 钢化玻璃案例：成都市生物医药园

钢化玻璃

材料特性：

1. 钢化后的玻璃不能再进行切割和机械性加工，只能在钢化前就对玻璃加工至需要的形状；

2. 钢化玻璃的强度虽然比普通玻璃的强度高，但是其有自爆（自己破裂）的情况，而普通玻璃不存在自爆的可能性；

3. 钢化玻璃的表面会存在不平整的现象（风斑），有轻微的厚度变薄，这也是钢化玻璃平整度不佳，难以做镜面的原因；

4. 通过钢化炉（物理钢化）后的建筑用平板玻璃，一般都会有变形，在一定程度上影响了装饰视觉效果（特殊需要除外）。

图 5-11　钢化玻璃案例：郑州天健湖大数据产业园

钢化玻璃

　　材料应用：广泛应用于高层建筑门窗、玻璃幕墙、室内隔断玻璃、采光顶棚、观光电梯围护、家具、玻璃护栏等（图5-10~图5-12）。尤其是钢化夹胶玻璃，不但具有钢化玻璃较大抗击力的特点，也具有普通夹层玻璃的特性，玻璃即使碎裂，其碎片也会因中间胶合层的作用粘为一体，被广泛应用于具有特殊安全或更高安全要求的场所，如高层建筑防护窗、玻璃采光顶，及长期承受水压作用的场所等。

图 5-12 钢化玻璃案例：四川省图书馆

夹胶玻璃

夹胶玻璃是由两片或多片玻璃通过一层或多层有机聚合物中间膜永久粘接为一体的复合玻璃产品，其加工需高温预压及高温高压环境。常用的中间膜材料有 PVB、SGP、EVA、PU 等。

材料分类：

1. 根据中间膜的熔点不同，可分为：低温夹胶玻璃、高温夹胶玻璃；

2. 根据夹胶层的粘接方法不同，可分为：湿法夹胶玻璃、干法夹胶玻璃。

常用尺寸：夹胶玻璃通常的最大尺寸为 2400mm×5500mm；最小尺寸为 300mm×300mm。

材料特性及应用：

1. 安全特性：中间膜与玻璃粘接牢固，玻璃遇破坏后的碎片仍然与中间膜粘在一起（图 5-13、图 5-14），不会脱落，从而避免因玻璃掉落造成人身伤害或财产损失；

2. 节能特性：中间膜层能够吸收部分太阳辐射热，从而一定程度地减少建筑室内得热，节约夏季空调能耗；

3. 隔声特性：中间膜对声波振动有缓冲作用，从而可适度加强玻璃的隔声效果；

4. 装饰特性：中间膜可根据不同设计意图使用不同颜色的膜。

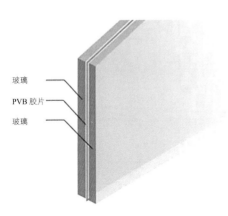

玻璃

PVB 胶片

玻璃

图 5-13　夹胶玻璃结构　　　　图 5-14　夹胶玻璃实样图片

夹丝玻璃

夹丝玻璃又称钢丝玻璃，是将预热处理过的铁丝网压入加热到红软状态的普通玻璃中而制成的（图 5-15）。夹丝玻璃中的金属丝网网格形状一般为正方形或者六边形，玻璃厚度一般为 6～16mm。

材料分类：根据玻璃的表面肌理，可分为光洁面夹丝玻璃和压花面夹丝玻璃。

常用尺寸：夹丝玻璃尺寸一般不小于 300mm×300mm，不大于 1200mm×2000mm。

材料特性及应用：

1. 安全特性：由于钢丝网的支撑作用，夹丝玻璃遭到冲击时能够防止玻璃碎片飞散，避免伤人，可用于天窗、顶棚及易受震动的场合，如对地震防护要求较高或有振动的厂房；

2. 防火特性：当火焰燃烧使玻璃爆裂时，内部钢丝可拉结破碎的玻璃形成相对完整的整体，既可避免破碎玻璃伤人，又可起阻隔火焰及烟气的作用；

3. 防盗性能：由于金属网线不易被破坏，夹丝玻璃具有防盗作用。

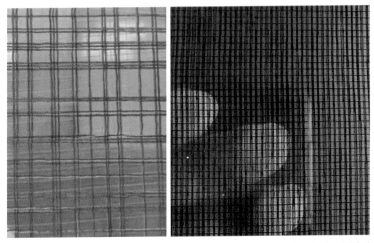

图 5-15　夹丝玻璃实样

Low-E 玻璃

Low-E 玻璃又称低能耗玻璃。Low-E 玻璃的镀膜工艺是在玻璃表面镀上多层金属或其他化合物组成的膜系产品，该镀膜层可有效阻止外部阳光中除可见光之外的紫外线及红外光线进入室内，减少热辐射对室内环境的影响。对室内侧，镀膜层对波长 2.5～40μm 范围的远红外线有较高的反射能力，使其在冬季可将室内的热辐射绝大部分反射回室内，保证室内热量不向室外散失，从而达到节能效果（图 5-16）[①]。

材料分类：根据银层的数量，可分为单银玻璃、双银玻璃、三银玻璃和无银玻璃。

1. 单银 Low-E 玻璃：通常只含有一层功能层（银层），加上其他的金属及化合物层，膜层总数达到 5 层；

2. 双银 Low-E 玻璃：具有两层功能层（银层），加上其他的金属及化合物层，膜层总数达到 9 层；

3. 三银 Low-E 玻璃：具有三层功能层（银层），可使太阳红外辐射热能直接透射比低于 2%，膜层总数达到 13 层；

注释：
① 代如成等，单银基低辐射玻璃的光热性能 [J]. 物理实验，2014，34（9）：13-16.

4. 无银 Low-E 玻璃：是采用硬质半导体材料代替金属银，利用真空磁控溅射镀膜工艺制造而成的高性能低辐射镀膜玻璃新产品。和普通 Low-E 玻璃相比，无银 Low-E 玻璃的膜层结构中不再含有金属银，在具有优异的保温隔热特性的同时可完全适合暴露在空气中使用。无银 Low-E 玻璃特别适用于酒店大堂、展示厅等需要使用厚板单片或夹层玻璃而无法使用中空节能玻璃的场合。

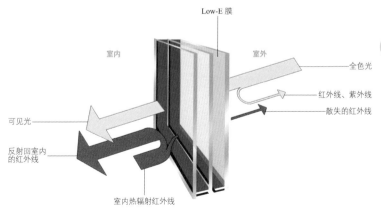

图 5-16 Low-E 玻璃反射、透射原理（三玻两腔）

Low-E 膜

室内   室外

全色光

红外线、紫外线

散失的红外线

可见光

反射回室内的红外线

室内热辐射红外线

Low-E 玻璃

材料特性及应用：

1. 优异的热工性能：Low-E 玻璃对远红外线及紫外线有强烈的反射能力，反射率达 80% 以上，普通透明浮法玻璃、吸热玻璃、热反射玻璃的远红外及紫外反射率仅在 11% 左右，所以 Low-E 玻璃具有良好的阻隔热辐射透过的作用。在冬季，它将绝大部分室内热辐射反射回室内，保持室内热量不散失到室外，节约供暖费用；在夏季，它可以阻止室外热辐射进入室内，节约空调制冷费用；

2. 良好的光学性能：可见光透过率反映的是室内的采光性能。由图 5-17 可见，在隔离（反射）了更多紫外及红外光的情况下，三银 Low-E 玻璃体现出比双银、单银 Low-E 玻璃更为优越的采光性能。

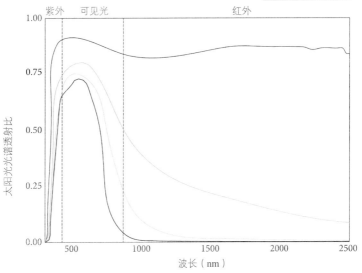

图 5-17　白玻、单银、双银和三银玻璃的太阳光透过曲线

热反射玻璃

　　热反射玻璃是早期镀膜玻璃的一种。在浮法玻璃表面通过物理或化学方法镀上金属或金属氧化物薄膜，对太阳光进行全面的反射、减少热辐射的玻璃即为热反射玻璃。其对太阳光进行全面的反射，包含可见光，其中可见光的透过率在 20%～65%，对红外线的反射率一般为 30%～40%，高的可到 50%～60%，而好的产品对紫外线的反射率最高能达到 99%。玻璃可呈现不同的颜色，有金色、灰色、褐色、青铜色和浅蓝等。

　　常用尺寸：标准尺寸：2440mm×3300mm，2440mm×3660mm；厚度：5mm、6mm（8～10mm 需定制）

　　材料特性及应用：热反射玻璃可避免一定程度的太阳辐射（含可见光），适用于各种建筑（图 5-18）、车辆的门窗，有一定的节能作用，但供暖季节由于室外热辐射被阻隔了，室内供暖能耗会增加，因此常用于炎热地区。用热反射玻璃制成中空或夹层玻璃窗，其导热系数约为 1.74W/（m·K），有良好的保温性能。但需要注意的是，因可见光进入室内受阻，照明用电量会增加；另外，镀膜层反射率偏高，容易造成光污染和使周围环境温度升高，在使用时需综合考虑内外环境的友好度。

图 5-18　热反射玻璃幕墙

彩色玻璃

彩色玻璃可创造出丰富的立面效果，主要包含两种产品：有色玻璃（图 5-19）和彩色夹胶玻璃。有色玻璃通过在玻璃中加入着色剂产生不同颜色效果；彩色夹胶玻璃在两片或多片玻璃中间夹彩色 PVB 胶片（图 5-20），以产生不同颜色效果。

材料分类：通常分为有色玻璃和彩色夹胶玻璃。

常用尺寸：有色玻璃与彩色夹胶玻璃与一般夹胶玻璃类似，最大尺寸为 2400mm×5500mm；最小尺寸 300mm×300mm；夹胶前常用玻璃厚度为 3～19mm。

材料特性及应用：

1. 有色玻璃：吸收太阳辐射，能削减进入室内的阳光，起到防眩光的作用，亦有一定的装饰效果，但在全色光透射之后会产生有色光；玻璃颜色稳定不变，被用于建筑外立面以及室内屏风等场合，起到其所具备的功能与装饰作用；

2. 彩色夹胶玻璃：除具有与有色玻璃相同的特性外，因夹层膜的因素，兼具了夹胶玻璃的特点，提高了玻璃的安全性。

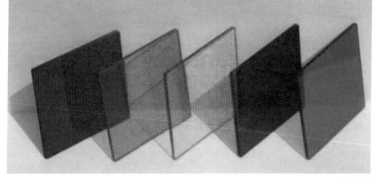

图 5-19 有色玻璃

常用建筑玻璃类型

图 5-20 彩色 PVB 中间膜

彩釉玻璃

彩釉玻璃是将一种或多种颜色的釉料印刷到玻璃表面，经热加工处理，将釉料烧结于玻璃表面而得到的装饰性玻璃产品。彩釉玻璃兼具玻璃良好的物理性能及彩釉的装饰性能。彩釉玻璃印刷技术可分为传统的丝网印刷技术（图 5-21）及最新的数码打印技术（图 5-22）。丝网印刷技术通过一种或多种丝网模板组合呈现图案效果，而数码打印技术无需丝网模板，可以实现建筑师的任何设计图案的呈现。

材料分类：按加工工艺，彩釉玻璃可分为丝网印刷彩釉玻璃和数码打印彩釉玻璃。

常用尺寸：最大玻璃尺寸为 2800mm/3300mm×6000mm，最小玻璃尺寸为 300mm×300mm。

材料特性及应用：

1. 色彩及图案有多种选择，可根据不同需求进行设计。彩釉玻璃立面能够呈现出与众不同的立面形象；

2. 彩釉系无机材料，耐候性好、不褪色、不老化，但若彩釉点置于玻璃幕墙最外层，会影响幕墙的自洁性；

3. 彩釉能够阻挡部分太阳光进入室内，形成透光不透明的效果，具有一定的遮阳的功能（但未参与热工计算）；

4. 可与普通玻璃一样进行多种加工组合，成为用途更广的玻璃；

5. 与有色玻璃不同，全色光通过彩色釉进入室内仍是全色光。

图 5-21　丝网印刷彩釉玻璃案例

图 5-22　数码打印彩釉玻璃案例

冲压玻璃（玻璃砖）

冲压玻璃是用玻璃料压制成形的块状（图 5-23）或空心状（图 5-24）的玻璃制品，具有良好的采光、隔热性能，一般用于外围护墙体或装饰工程。因玻璃良好的力学性能，通过构造措施可用于透光墙体或楼板。

材料分类：

1. 实心玻璃砖，是玻璃压制法制成的方形、矩形或圆形的玻璃构件，多用于镶嵌或砌筑建筑的外围护界面（墙面或屋面）；

2. 空心玻璃砖，其生产过程是先将玻璃铸模成半砖，每两个半砖再焊接在一起形成完整的一块，具有良好的隔声、隔热、防水、节能、透光性能。

常用尺寸（长 × 宽 × 厚）: 常规砖（190mm×190mm×80mm）、小砖（145mm×145mm×80mm）、厚砖（190mm×190mm×95mm，145mm×145mm×95mm），或咨询生产厂家。

材料特性及应用：玻璃砖最重要的特点就是通过构造措施充当受力构件。它有良好的隔声、隔热性，不仅可以作为外围护结构使用，还可作为室内空间的分隔与艺术景墙使用，通常用于分隔墙、隔断、透光地板等场合。

图 5-23 实心玻璃砖

图 5-24 空心玻璃砖

压花玻璃

压花玻璃属于压延玻璃的一种，与普通平板玻璃的理化性能基本一致，但在光线透过表面有凹凸花纹的压花表面时，由于漫反射会导致透过玻璃看到的物体模糊不清，形成一种透光但不透视的朦胧感。

材料分类：按其透视程度可实现接近透明可见到几乎不可见的变化。常用类型有压花玻璃、压花真空镀铝玻璃和彩色膜压花玻璃等。

常用尺寸：厚度能够分为 3mm、4mm、5mm、6mm、8mm，规格：1220mm×1830mm、1500mm×2000mm、1830mm×2134mm、1830mm×2440mm 等。

材料特性及应用：压花玻璃由于其透光不透视的特点，常被用在空间的分隔和私密场所的保护上，且具有较好的装饰效果，例如卫生间门窗等需要采光又需要阻断视线的场所（图 5-25）。需要注意的是，花纹面由于凹凸不平，极易藏积灰尘，安装时需将花纹面朝向室内或易于清洁的一侧。

图 5-25　压花玻璃用于卫生间隔断

槽型玻璃（U 型玻璃）

槽型玻璃又称 U 型玻璃，具有良好的透光性、保温隔热性，以及良好的装饰效果。由于其本身具有双肋，故承载力更高，且其自身无需龙骨，可以做到简洁的立面效果（图 5-26）。

材料分类：

1. 从强度上可分为普通型和增强型（内含金属丝或网）两种；

2. 从材质表面上可分为普通平板和表面带花纹的两种；

3. 从颜色上可分为无色和有色两种。

常用尺寸：厚度：6mm 和 7mm；翼高：41mm 和 60mm；底宽：232mm、262mm、331mm、498mm。

材料特性及应用：U 型玻璃由于其良好的透光性和机械性能，可用于各种工业及民用建筑非承重的内外墙、隔断、窗及屋面。需要注意的是，在 U 型玻璃用于湿度或温差较大的地区及场所时，应处理好表面结露及排水的问题。关于 U 型玻璃的设计规范需详细查阅《建筑玻璃应用技术规程》JGJ 113-2015，以保证设计的安全和规范。

图 5-26　U 型玻璃案例：成都三瓦窑社区体育设施

特殊建筑玻璃类型

防火玻璃

防火玻璃是特种玻璃的一种，在火灾时起到控制火势蔓延的作用，作为措施性的防火材料，通常情况下搭配防火门窗等产品一起使用。防火玻璃需要在规定的耐火实验中保证完整性和隔热性。

材料分类：依照国家标准《建筑用安全玻璃　第 1 部分：防火玻璃》GB 15763.1-2009，有如下划分方式：

1. 按产品结构分：单片防火玻璃（DFB）和复合防火玻璃（FFB）两种。单片防火玻璃由单层玻璃构成，而复合防火玻璃则是由两层或以上的玻璃复合而成或者一层玻璃和有机材料复合而成，无论是单片还是复合防火玻璃，都需满足相应耐火等级的要求；

2. 按耐火性能分：防火玻璃（A 类）是指同时满足耐火完整性、耐火隔热性要求的防火玻璃。适用于建筑防火门、窗、隔断墙、采光顶、挡烟垂壁等需要既透明又防火的建筑组件中。防火玻璃（C 类）是指仅满足耐火完整性要求的防火玻璃，此类玻璃具有透光、防火、隔烟、强度高等特点。适用于无隔热要求的防火玻璃隔断墙、防火窗、室外幕墙等（2001 版规范中有 B 类防火玻璃，但在 2009 版规范中已被取消）。

耐火极限: 0.5h, 1h, 1.5h, 2.5h, 3.0h (共 5 级)。

常用类型:

1. 丙烯酰胺类防火玻璃 (灌浆复合防火玻璃): 在两片或多片玻璃中间灌入含无色透明丙烯酰胺的防火胶加工而成的复合防火玻璃, 主要用于室内的防火门、防火窗上;

2. 铯钾防火玻璃: 通过物理和化学方法在玻璃表面产生接近极限的表面压力来提高玻璃的防火性能, 有单片的和复合的, 是目前最常用的防火玻璃 (图 5-27); 需注意的是, 划伤玻璃会破坏玻璃表面的应力, 应尽量避免;

3. 高硼硅防火玻璃: 具有极低的膨胀系数和较高的软化温度的优良防火玻璃, 有单片的和复合的, 具有良好的耐高温和耐热冲击性能; 好的产品防火时间可达 1h 以上, 甚至达到 2h, 3h;

4. 硅类复合防火玻璃: 该类玻璃利用了特殊二氧化硅强大的成膜性, 其防火性能和外观非常稳定, 具有优良的耐老化性能, 且内外片玻璃均可钢化, 使用过程中不易破损, 可以使用在幕墙等外墙装饰上, 是目前最先进的防火玻璃。

防火玻璃

注意事项：

1. 单片防火玻璃和灌浆型防火玻璃无法切割，需定尺加工，但复合型防火玻璃可以切割；

2. 在幕墙或门窗上使用防火玻璃时，需要把框料与玻璃作为整个防火系统来考虑，而非直接将普通玻璃更换为防火玻璃；

3. 防火玻璃的尺寸与耐火等级，在组成防火系统时，其支承结构和各节点也需满足耐火要求；

4. 若采用的是灌浆型防火玻璃且用于室外，在紫外线长期照射下，灌注的防火胶会出现气泡和发黄的现象，从而与旁边的幕墙视觉感受产生差异。质量差的灌浆型防火玻璃2年左右就会出现类似现象，而质量好的也可能会在3～4年的时间内出现。所以，若是用于室外的防火玻璃，为保证其视觉效果，应尽量采用抗老化最佳的硅复合防火玻璃、高硼硅防火玻璃或铯钾防火玻璃。

图 5-27　铯钾防火玻璃门窗

减反射玻璃

把玻璃单面或双面通过镀膜工艺处理，保证透光率大于 97.5%，反射率小于 1% 的超白玻璃称为减反射玻璃（AR 玻璃）。一般情况下，减反射玻璃的可见光通过率平均超过 97%，最高可达 99%；平均反射率则低于 1.5%，最小可达到 0.5%，使得玻璃后面的物体可以更加清晰逼真地呈现。由于减反射玻璃工艺复杂，所以其价格昂贵，一般用于博物馆展柜、橱窗、观景厅、机场塔台等对图像要求较高的场所。

常用尺寸：其加工规格厚度范围在 3～19mm 之间，最大尺寸可做到 5000mm×3300mm。

材料特性及应用：减反射玻璃的紫外线透过率很低，可以保护玻璃后面物体的颜色及材质，也可减少紫外线对人眼的伤害。此外，视觉上减反射玻璃的对比度和饱和度都更强，可使得景物的色彩更鲜艳、更清晰。除了极佳的视觉成像，减反射玻璃的平整度、耐刮磨、耐冲击及耐高温性能也很强，可从物理上更好地保护玻璃后的物体。因此，常被用在高端陈列橱窗、博物馆展示柜（图 5-28）、机场塔台玻璃、观景厅玻璃、画框玻璃、汽车玻璃等领域。

图 5-28　中国国家博物馆内使用减反射玻璃的展示柜

光致变色玻璃

在光线的照射下，玻璃的透光透视度降低或者颜色变化，并且在停止光照之后又可恢复原样的玻璃就是光致变色玻璃。这种特性是由于其中含有亚稳态色心（以微晶状态均匀分布的光敏剂）在辐射时出现电子跃迁而产生的效果，在一定波长的辐射照射下，玻璃色心产生着色效果，当停止照射后，色心破坏又使得玻璃褪色。

材料分类：光致变色玻璃分为两类，一类是同相型光色玻璃，即色心和玻璃采用相同的光敏物质，通过掺加的可变价的 Ce、Eu 等元素，玻璃在受紫外线照射情况下形成能吸收蓝紫色光波的色心，视觉效果由透明变为浅黄再至深褐色；另一类则是异相型光色玻璃，即色心与玻璃采用不同的光敏物质，通常为卤化银（效果最好）、卤化铜和卤化镉晶体。

材料特性及应用：光致变色玻璃的透光透视度和颜色随光照强度的变化而改变，光强度越大，其透光透视度越差，颜色越深。光致变色玻璃可以柔和室内光线，并且让建筑充满变化，与环境光照协调一致，常被用于建筑室内光敏感又需景观视野房间的外窗（图 5-29）。

图 5-29 光致变色玻璃在办公空间中的运用

电致变色玻璃

在两片玻璃夹胶层中放进液晶膜，通过控制通电与否的状态来改变透明度的玻璃称为电致变色玻璃。通电后，玻璃中的液晶分子不规则散布，呈现不透明外观；断电后，液晶分子则变为整齐排列，玻璃呈现透明状态。这种玻璃具有一般安全玻璃的所有特性，且有着控制透明度、保护隐私的功能。

常用尺寸：厚度一般为 12mm 和 14mm（5+2+5 和 6+2+6），其他厚度可定做；最大尺寸受到液晶膜的尺寸限制可做到约 3300mm×1500mm。

材料特性及应用：由于电致变色玻璃可人为改变玻璃的透明度，从而做到对空间氛围的控制，因此常被用于办公室、会议室、浴室、卫生间等对隐私度要求较高的场所（图 5-30）。且电致变色玻璃可作为投影幕布代替普通幕布，也可在小型家庭影院、小型报告厅等场所使用。

通电时

断电时

图 5-30 电致变色玻璃在办公空间中的运用

LED 玻璃

LED 玻璃（LED Glass）又称通电发光玻璃、电控发光玻璃，是通过将 LED 灯珠置于两块钢化玻璃夹层内而成的，适用于各式平板以及弯曲玻璃，可替代常见的透明玻璃并发光成像。LED 玻璃本身即为一款安全玻璃，可与其他玻璃结合，产生复合功能。

常用尺寸：像素密度：1600～33000dot/m²（密度越大，功率和价格越高，重量越大，最佳观测距离越近，透光率越低），厚度：8mm（3mm超白玻璃+2mm 灯珠芯片玻璃基板+3mm 超白玻璃）至 40mm（19mm超白玻璃+2mm 灯珠芯片玻璃基板+19mm 超白玻璃），尺寸：最大约为1600mm×3600mm（单侧龙骨走数据线和控制器）。

材料特性及应用：LED 玻璃可广泛应用于各类设计及应用场景，例如，商业、交通、文化类建筑的室外昭示幕墙，室内的装饰、家具设计、灯光景观、标识指示、广告牌等（图 5-31）。随着科技的发展，可将太阳能薄膜与 LED 玻璃结合，实现 LED 发光的电能自给自足，符合低碳绿色的建筑要求，是 LED 玻璃未来的发展方向。

图 5-31 LED 玻璃案例：西安雁翔路人行天桥

太阳能光伏玻璃

太阳能光伏玻璃是一种通过层压入太阳能电池，利用太阳辐射发电，并具有相关电流引出装置以及电缆的特种玻璃。经过钢化处理的太阳能光伏玻璃还具有更强的抗风压和抗温差变化的能力。

材料分类：光伏玻璃大致分为晶体硅和薄膜光伏玻璃两类。晶体硅的构造类似于夹胶玻璃，安全性佳，因此常用于建筑幕墙。而薄膜光伏玻璃具有轻、薄、易携带、易弯曲等特点，尤其是在光线弱的环境下，其发电效果优于晶体硅光伏玻璃，但没有其转化效率高。

材料特性及应用：太阳能光伏玻璃低碳环保，节能发电，同时拥有斑斓的色彩，组合多样。因此在如今低碳绿色发展的大形势下，太阳能光伏玻璃的应用非常广泛（图 5-32），可在建筑向阳面的水平或垂直界面（构件）安装。因光伏产品多样，性能不一，目前尚未有统一的标准，故设计时应事先了解使用产品的规格及限制条件，避免使用不当。

图 5-32　碲化镉光伏玻璃案例：成都双流国际机场 T2 航站楼 L1 通道

建筑玻璃常见参数与效果案例

ARCHITECTURE GLASS COMMON PARAMETERS AND EFFECTS CASES

项目名称
生物医药创新孵化园

项目地点
四川省成都市

玻璃结构
8+12+8 双银 Low-E
中空钢化玻璃

玻璃参数

透过率 τ	58%±2%
反射率 R	20%±2%
传热系数 K	2.50
太阳得热系数 $SHGC$	0.34

项目名称
青岛胶东国际机场 T1 航站楼

项目地点
山东省青岛市

玻璃结构
8+12+8 双银 Low-E
中空钢化超白玻璃

玻璃参数

透过率 τ	58%
反射率 R	20%
传热系数 K	2.10
太阳得热系数 $SHGC$	0.42

项目名称
中国西部国际博览城

项目地点
四川省成都市

玻璃结构
10+12A+10 双银 Low-E
中空钢化玻璃

玻璃参数
透过率 τ 60%
反射率 R 18%
传热系数 K 2.0
太阳得热系数 $SHGC$ 0.4

项目名称
彭山产业新城市民中心

项目地点
四川省眉山市

玻璃结构
6+12+6 双银 Low-E
中空钢化超白玻璃

玻璃参数

透过率 τ	65%
反射率 R	12%±1%
传热系数 K	2.40
太阳得热系数 $SHGC$	0.42

项目名称

四川省图书馆

项目地点

四川省成都市

玻璃结构

6+12A+6 双银 Low-E
中空钢化玻璃

玻璃参数

透过率 τ 55%

反射率 R 20%

传热系数 K 2.50

太阳得热系数 $SHGC$ 0.39

项目名称
通威国际中心

项目地点
四川省成都市

玻璃结构
6+12+6 双银 Low-E
中空钢化超白玻璃

玻璃参数

透过率 τ	47%
反射率 R	27%
传热系数 K	1.66
太阳得热系数 $SHGC$	0.24

项目名称
成都盛美利亚酒店

项目地点
四川省成都市

玻璃结构
8+12+8 双银 Low-E
中空钢化普白玻璃

玻璃参数
透过率 τ 40%
反射率 R 26%
传热系数 K 1.64
太阳得热系数 $SHGC$ 0.27

项目名称
成都银泰中心

项目地点
四川省成都市

玻璃结构
10+12A+10 双银 Low-E
中空钢化双超白玻璃

玻璃参数

透过率 τ	50%
反射率 R	26%
传热系数 K	1.70
太阳得热系数 $SHGC$	0.26

项目名称
成都市双流区空港商务区
展示中心

项目地点
四川省成都市

玻璃结构
8+12+8 双银 Low-E
中空钢化超白弯弧玻璃

玻璃参数
透过率 τ 69%
反射率 R 12%
传热系数 K 1.62
太阳得热系数 $SHGC$ 0.36

项目名称
南沙青少年宫

项目地点
广东省广州市

玻璃结构
6+12A+6 双银 Low-E
中空钢化超白玻璃

玻璃参数

透过率 τ	60%
反射率 R	18%
传热系数 K	2.21
太阳得热系数 $SHGC$	0.34

项目名称
攀枝花市政务服务中心

项目地点
四川省攀枝花市

玻璃结构
6+12A+6 双银 Low-E
中空钢化超白玻璃

玻璃参数

透过率 τ	46%
反射率 R	24%
传热系数 K	1.69
太阳得热系数 $SHGC$	0.26

项目名称
成都 IFS（国金中心）

项目地点
四川省成都市

玻璃结构
6+12+10 双银 Low-E
中空钢化超白玻璃

玻璃参数
透过率 τ	40%
反射率 R	30%
传热系数 K	1.64
太阳得热系数 $SHGC$	0.28

玻璃选择常用知识要点小结

1. 单片安全玻璃最大使用面积的数值（单位 m²）为玻璃厚度数值（单位 mm）的一半。例如 3m²，4m²，5m²，6m² 的玻璃尺寸对应玻璃厚度分别为 6mm，8mm，10mm，12mm。

2. 玻璃的反射率（R）+ 吸收率（A）=100%。常见的 Low-E 节能玻璃的参数一般符合规律：反射率（R）+ 透光率（τ）≈70%。

3. 钢化玻璃厚度越大，其平整度相应越高。造价允许时，可选择加厚外层玻璃，以实现更好的外观效果。

4. 传热系数（K 值）越小，保温性能越好。太阳得热系数（$SHGC$）越小，隔热性能越好。

5. 根据《公共建筑节能设计标准》GB 50189-2015，当公共建筑入口大堂采用全玻幕墙时，全玻幕墙中非中空玻璃的面积不应超过同一立面透光面积（门窗和玻璃幕墙）的 15%。

6. 根据《公共建筑节能设计标准》GB 50189-2015，玻璃透光率根据窗墙比不同，有最低要求。甲类公共建筑单一立面窗墙比大于或等于 0.4 时，透光率大于或等于 0.4；窗墙比小于 0.4 时，透光率大于或等于 0.6。

7. 根据玻璃厂家及市场反馈，玻璃价格与玻璃规格存在梯度关系。玻璃在 2.40m（宽）×3.60m（长）幅面以内均为常规尺寸。宽度在 2.40～3.30m 之间，价格增加约 20%；长度 ≤ 3.60m 为常规尺寸，长度在 3.60～4.50m 之间，价格增加约 20%，长度在 4.50～6.00m 之间，价格增加约 30%。宽度超过 3.30m，长度超过 9m 的玻璃价格昂贵，以单片玻璃定价。

8. 玻璃小样需备两份，一份用于寄给业主封样，另一份用于保留归档。

建筑材料选样展架

ARCHITECTURE MATERIAL SAMPLE DISPLAY RACK

结合建筑师设计阶段小样选择（区别现场实样选择）的需求，中国建筑西南设计研究院有限公司前方工作室设计了应对建筑材料选样各种场景的展架（图7-1），可供玻璃、铝板、石材等板材并列摆放，以方便设计师在室外观察材料样品，对比选样。

　　设计充分考虑选样人员多样化观察样品、便利搬运展架等使用需求，结合制作经济与操作方便的准则，对各节点进行精细化设计。

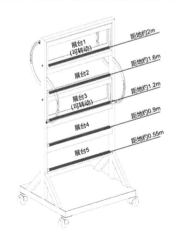

图 7-1　展架设有 5 层展台应对不同高度的看样需求

若需要调整看样角度（图 7-2），可先旋松展台两端的蝶形螺母，再调整展台角度，在合适位置重新拧紧蝶形螺母，固定展台，即可开始看样。

旋松蝶形螺母并旋转展台

拧紧蝶形螺母并固定展台

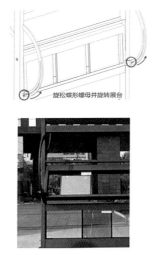

图 7-2　可转动展台应对不同角度的看样需求

跋
POSTSCRIPT

　　《建筑玻璃选用手册 1.0》这本小册子源于设计院内部服务于建筑师工作运用性的研究，成果出来后获得各方良好的反响，于是想到分享给建筑师同行，希望把我们的经验和教训作为广大建筑师实现建筑高完成度的垫脚石，使建筑的建成环境更好。

　　玻璃这种材料虽然古老，但其技术的发展一直在不断更新迭代之中，建筑师对玻璃的运用也需要不断学习和调整。本册子是以建筑运用角度作为基本线索的系统性梳理，由中国建筑西南设计研究院有限公司前方工作室团队共同完成，参加的成员有周雪峰、甘旭东、张嘉琦、雷冰宇、邱天、赖杨婷、谢钦、阎渊、张敬军、智东怡、肖威、钟易岑、张文武、何文轩、陈信自等，同时也得到了我院幕墙所董彪的咨询意见，及四川南玻节能玻璃有限公司李林、张春梅、夏林刚和其他玻璃厂商的支持。在此，对上述同仁的努力付出和富有成效的工作表示衷心感谢！

　　在册子编写梳理过程中，我们意识到成果还不够完善，期待和欢迎广大使用者通过关注前方工作室微信号，给我们提出宝贵意见和交流，共同提高建筑玻璃的选用及使用水平。

感谢出版社的配合及辛劳付出！期望本册子能解决建筑师工作中的一些实际痛点！

2022 年 6 月 28 日

图书在版编目（CIP）数据

建筑玻璃选用手册 1.0 = ARCHITECTURE GLASS SELECTION MANUAL 1.0 / 中国建筑西南设计研究院有限公司前方工作室编著 . —北京：中国建筑工业出版社，2022.10

ISBN 978-7-112-27876-3

Ⅰ.①建…　Ⅱ.①中…　Ⅲ.①建筑玻璃 — 手册　Ⅳ.① TQ171.72-62

中国版本图书馆 CIP 数据核字（2022）第 162985 号

责任编辑：张文胜
责任校对：李辰馨

建筑玻璃选用手册1.0
ARCHITECTURE GLASS SELECTION MANUAL 1.0
中国建筑西南设计研究院有限公司前方工作室　编著
*
中国建筑工业出版社出版、发行（北京海淀三里河路9号）
各地新华书店、建筑书店经销
北京点击世代文化传媒有限公司制版
北京富诚彩色印刷有限公司印刷
*
开本：787毫米 × 1092毫米　1/32　印张：5⅜　字数：88千字
2022年10月第一版　2022年10月第一次印刷
定价：**69.00** 元
ISBN 978-7-112-27876-3

（39898）